ÉTUDES COMPARÉES

SUR LA CULTURE

DES CÉRÉALES

DES PLANTES FOURRAGÈRES

ET DES PLANTES INDUSTRIELLES.

Caen — Imp. E. Poisson

ÉTUDES COMPARÉES

SUR LA CULTURE

DES CÉRÉALES

DES PLANTES FOURRAGÈRES

ET DES PLANTES INDUSTRIELLES

RÉSUMÉ

Des leçons faites à la Faculté des Sciences de Caen, pendant l'année
scholaire 1858-1859,

PAR

J.-Isidore PIERRE,

Membre correspondant de l'Institut de France,
Professeur de chimie générale et de chimie appliquée à l'agriculture
à la Faculté des sciences de Caen, etc.

—————◄►►◄—————

PARIS

LIBRAIRIE CENTRALE D'AGRICULTURE ET DE JARDINAGE

QUAI DES GRANDS-AUGUSTINS, 41

— **Auguste GOIN**, éditeur. —

—

1859

ÉTUDES COMPARÉES

SUR LA CULTURE

DES CÉRÉALES

DES PLANTES FOURRAGÈRES

ET DES PLANTES INDUSTRIELLES.

CONSIDÉRATIONS GÉNÉRALES.

La crise agricole qui pèse en ce moment d'une manière si fâcheuse sur les départements livrés trop exclusivement à la culture des céréales, devrait être pour tous un avertissement salutaire, apportant avec lui la preuve de la supériorité des systèmes de culture dans lesquels on se propose d'obtenir des produits plus variés.

Il est bien rare, en effet, que la dépréciation se fasse sentir simultanément, avec la même intensité, sur tous les genres de produits.

Il est d'ailleurs suffisamment établi, maintenant, que l'adoption de ces cultures variées, indépendamment des autres avantages qu'elle procure au cultivateur intelligent, ou plutôt à cause de ces avantages mêmes, conduit tout naturellement celui-ci à l'amélioration des conditions de chacune de ses cultures spéciales.

Arrêtons un moment notre pensée sur la situation agricole de l'année qui vient de finir. Jamais année d'abondance amena-t-elle plus de déceptions ? Le blé à 15 ou 16 fr. l'hectolitre et disette de fourrages !

Vendre son grain à vil prix et se voir forcé de se défaire de son bétail à des conditions déplorables, pendant que les fermages et la main-d'œuvre suivent toujours leur marche ascendante !

En présence d'une situation qui ne se reproduit pas souvent, en présence de quatre années consécutives de cherté des céréales, beaucoup de cultivateurs peu prévoyants se sont laissés entraîner à reculons. Séduits par des prix hautement rémunérateurs, ils ont sacrifié à l'extension de leurs cultures de céréales une partie de leur sole de fourrages, précieuse conquête de la fin du dernier siècle, agrandie pendant le demi-siècle que nous venons de parcourir.

Pour être sortis des limites d'une sage prévoyance, nous les trouvons aujourd'hui, surpris à l'improviste, privés d'une partie de leurs ressources, à la veille d'être forcément dépourvus de ce bétail qu'un dicton routinier considère comme un *mal nécessaire*, et que nous considérons, nous, comme une *source de prospérité* pour qui sait s'en servir.

Pour avoir négligé ou défriché leurs fourrages, les cultivateurs ont, pour cette année, la perspective de se voir forcés de faire un appel énergique à leurs économies passées, afin de remplacer l'engrais si puissant de leur bétail absent par ces engrais commerciaux si souvent frelatés, et qui auront d'autant plus de chance de l'être, que les besoins du consommateur se feront plus énergiquement sentir.

C'est qu'on ne recule pas impunément dans la voie

du progrès. Le cultivateur rétrograde , lorsqu'il veut ensuite reprendre le rang qu'il n'aurait pas dû quitter, ressemble au voyageur attardé qui est obligé de payer doubles guides pour arriver à l'heure.

Les bons cultivateurs de notre plaine de Caen ne se reconnaîtront sans doute pas dans le triste tableau que je viens d'esquisser. Ce n'est pas parce qu'ils sont tout à fait exempts du péché d'imprudence que je signalais tout-à-l'heure, c'est parce qu'ils sont entrés déjà depuis longtemps dans la voie où leurs confrères seront obligés de les suivre ; c'est parce que les sources de leurs produits sont plus variées que celles des pays qui font entendre aujourd'hui leurs doléances.

L'agriculture est maintenant presque partout dans une période de transition où elle ne peut avoir toutes ses libertés d'allures, parce que les nouvelles bases sur lesquelles elle devra s'appuyer ne sont pas encore assez solidement établies.

Pour beaucoup d'agriculteurs, le nec plus ultrà de la science consiste à cultiver la plus grande quantité possible des produits dont le prix vient d'éprouver la hausse la plus considérable ; on défriche alors à grands frais des terres dont la culture, en temps ordinaire, ne serait pas suffisamment rémunératrice ; on réduit l'étendue des terres à fourrages ; on néglige beaucoup d'autres cultures qui paraissent momentanément moins avantageuses.

Mais ce qu'on perd alors trop souvent de vue, c'est qu'une année entière doit s'écouler avant de pouvoir réaliser les bénéfices qu'on avait en perspective ; et pendant cette année-là, grâce aux facilités actuelles des communications et des transports, les produits qui faisaient faute sont arrivés d'ailleurs ; les prix se sont nivelés d'abord, puis s'avilissent ensuite, parce que la force des choses devait nécessairement amener, tôt ou tard, la surabondance ou l'encombrement.

En même temps, les produits sacrifiés ou négligés, qui se trouvent presque toujours des produits de consommation intérieure indispensables, arrivent à des prix exorbitants, par suite de leur insuffisance. Le cultivateur qui s'est lancé malencontreusement dans cette fausse voie se trouve encombré de produits dépréciés qu'il doit vendre, et privé des produits indispensables qu'il doit nécessairement acheter.

Il a surchargé, fatigué ses terres, sans se ménager les ressources destinées à réparer le dommage ; il a compromis la santé de la poule aux œufs d'or.

L'agriculteur ne peut guère sans danger, si ce n'est dans quelques cas exceptionnels, être spécialiste, et concentrer, comme l'industriel, tous ses soins sur une seule espèce de produits, parce qu'il n'existe guère de terre au monde qui puisse indéfiniment se couvrir de la même récolte. L'*alternance* est une loi de nature dont il est difficile de s'écarter sans péril ; mais qui dit alternance dit nécessairement *variété*.

La *variété des produits*, tel est le but vers lequel doit tendre l'agriculture moderne, tel est le secret des progrès réalisés dans les contrées où l'agriculture est le plus avancée ; cette variété a permis de tirer du sol, dans le même temps, des produits plus abondants ; en répondant à la fois à des besoins plus divers, elle a permis au cultivateur de réaliser des profits plus réguliers, plus certains, presque toujours plus considérables.

Il ne suffit pas de s'attacher aux cultures qui fournissent des produits pour la vente immédiate ; quelles que soient les combinaisons adoptées, elles ne peuvent satisfaire aux exigences d'une bonne agriculture qu'à la condition de fournir *beaucoup pour la nourriture du bétail, beaucoup pour le tas de fumier.*

Si vous voulez faire œuvre qui dure, n'oubliez jamais que vos récoltes, quelles qu'elles soient, vivent aux dépens du sol qui les produit ; que celui-ci, comme vos animaux, exige des soins d'entretien et d'alimentation ; que ses forces productives ont des limites, comme les forces musculaires de l'animal de travail, et qu'il vous indemnisera de vos labeurs et de vos sacrifices dans les limites de votre prudence et de votre libéralité.

Parmi les produits directs dont la vente doit être la source des profits du cultivateur, il en est qui contiennent une proportion assez considérable de certains principes utiles dont le sol est faiblement pourvu, et qui constituent la partie la plus efficace et la plus active des engrais ; il est, au contraire, d'autres récoltes dont la partie livrée habituellement au marché ne contient qu'une beaucoup plus faible proportion de ces principes d'une si grande valeur dont nous venons de parler.

A conditions égales, ces dernières récoltes offriraient donc, pour l'avenir, un avantage marqué ; et lorsque le cultivateur pourra se rendre compte, même d'une manière approximative, de la nature intime des matières qu'il exporte de son domaine et de celle des engrais qu'il tire du dehors, ce jour-là un grand progrès agricole sera réalisé, et nous devons espérer qu'il le sera bientôt.

Une citation fera mieux comprendre ma pensée : parmi les principes les plus actifs des engrais, l'on s'accorde unanimement aujourd'hui à placer *en première ligne* LES MATIÈRES AZOTÉES, puis *en seconde ligne* LES PHOSPHATES. Les graines des *céréales* (blé, orge, etc.), les graines *oléagineuses* (lin, colza, chanvre, navette, etc.), les graines *légumineuses* (pois, fèves, vesces, etc.), les *fourrages*, et surtout ceux des prairies artificielles, contiennent des proportions assez considérables de ces matières azotées et de ces phosphates ; au contraire, le *sucre*, l'*alcool*, les *huiles de graines* ne contiennent pas ces mêmes substances en proportions appréciables. Donc, en laissant pour un moment de côté toutes les difficultés pratiques pour ne voir que la théorie, le cultivateur qui ne vendrait le produit de ses récoltes que sous la forme d'huile, de sucre ou d'alcool, n'exporterait ni matières azotées, ni phosphates ; et si tous les résidus retournaient au sol qui les a produits, celui-ci ne devrait pas s'appauvrir autant que si l'on eût tout exporté.

Au contraire, qu'il porte au marché ses graines et ses fourrages, il sera dans la nécessité absolue et immédiate de se pourvoir, par des achats directs, d'engrais abondants destinés à remplacer les phosphates et les matières azotées dont la vente de ses grains et de ses fourrages a dépouillé ses terres.

Je citerai encore, comme exemple, un fait plus généralement pratique, bien que la plupart des praticiens ne s'en doutent pas toujours.

Toutes les variétés de blé ne renferment ni la même proportion de matières azotées, ni la même proportion de phosphates. Si nous supposons que deux égales parties d'un même champ aient produit le même poids de deux variétés de blé différentes, en vendant ce blé, le cultivateur n'aura pas exporté des deux parties de son champ la même quantité de ces deux principes qui se paient si cher aujourd'hui dans les engrais du commerce. Si les deux sortes de blé se vendaient le même prix, il y aurait évidemment plus d'avantage à cultiver l'une qu'à cultiver l'autre, en supposant, comme nous l'avons fait, que ces deux variétés présentent les mêmes chances de réussite. Si les prix marchands étaient différents, il y aurait à établir une balance dont les éléments ne sont encore pas encore bien connus, et que nous essaierons de discuter par la suite, avec les ressources de l'analyse chimique.

L'observation que je viens de faire à l'occasion du blé, nous pourrions la faire au sujet de la plupart des récoltes usuelles.

Ce n'est qu'en s'appuyant sur des données de ce genre, du moins nous le pensons, que l'agriculteur peut espérer atteindre avec certitude le but qu'il se propose, de retirer de son sol le plus de profit possible et aux meilleures conditions, c'est-à-dire, en l'épuisant le moins possible.

Pour être juste, nous devons reconnaître que l'agriculture moderne a depuis longtemps le sentiment instinctif de cette diversité d'exigences des récoltes, au moins dans ce que ces exigences ont de plus tranché ; le meilleur cultivateur praticien est celui qui sait le mieux les démêler pour en tenir compte. Les faits les plus saillants ne pouvaient échapper bien longtemps à ces hommes d'élite qui ont le privilége de deviner une partie des secrets de la nature ; mais nous savons que ces hommes constituent de rares exceptions, et le but que doit se proposer la science moderne, c'est de fournir au plus grand nombre des connaissances auxiliaires qui puissent remplacer cette faculté d'intuition exceptionnelle ; c'est de fournir aux hommes de progrès des faits nouveaux bien établis sur lesquels ils puissent s'appuyer pour marcher en avant ; c'est, en un mot, de justifier cette parole qui fait l'orgueil de notre époque, que *si nos pères pouvaient revenir parmi nous, ils seraient fort étonnés de voir beaucoup d'impossibilités réalisées avec assez de succès.*

Si, dans les considérations générales qui précèdent, j'ai eu le bonheur d'être assez clair pour me faire suffisamment comprendre, il en résultera deux choses :

1º L'évidente nécessité de varier le plus possible la nature des produits que l'on demande au sol ;

2º L'évidence des avantages qui peuvent être la conséquence d'une étude comparative approfondie de la nature intime des principales récoltes usuelles. Tel est le but que je me proposerai dans les leçons de cette année, autant, du moins, que le permettra l'état de nos connaissances actuelles.

On peut partager en trois grandes divisions les récoltes usuelles, non compris celle de la vigne :

1re DIVISION : *Céréales.*

Cette division comprend le *blé*, le *seigle*, l'*orge*, l'*avoine*, le *maïs*, etc.

2e DIVISION : *Plantes fourragères.*

Cette division comprend les plantes qui constituent la base de nos prairies naturelles ou artificielles.

3e DIVISION : *Plantes industrielles.*

Cette division pourrait comprendre : 1º toutes les

plantes cultivées pour l'huile que donnent leurs graines, comme le *colza,* le *lin,* le *pavot-œillette,* le *chanvre,* etc. ;

2° Toutes les plantes cultivées pour le sucre que fournissent leurs racines ou leurs tiges (*betteraves, sorgho,* etc.) ;

3° Les plantes cultivées pour la matière tinctoriale que l'on en peut extraire (*gaude, garance,* etc.).

Le temps nous manquerait pour faire une étude sérieuse un peu complète de toutes ces plantes, dont plusieurs n'ont pas encore été introduites dans notre plaine de Caen, ou n'y ont jamais figuré que dans une proportion insignifiante ; aussi nous bornerons-nous à l'examen des plus importantes, que nous étudierons avec plus de détails.

Il est à peine besoin de faire observer que plusieurs de ces récoltes, pour ne pas dire presque toutes, sont susceptibles de destinations diverses qui exigeront, de notre part, une appréciation distincte ; tels sont le sorgho et la betterave qui, au lieu d'être cultivés comme plantes à sucre, sont souvent cultivés comme plantes destinées directement à l'alimentation du bétail. Tels sont encore le seigle et l'orge escourgeon, qui, au lieu d'être cultivés comme céréales pour leur graine, sont souvent destinés à servir de fourrage vert, etc.

Nous pourrions encore ajouter qu'il n'est guère de récoltes dont toutes les parties aient la même destination ou la même valeur ; c'est ainsi que, dans une récolte de blé, la graine sert habituellement à la nourriture de l'homme, et la paille à la nourriture ou au coucher des animaux. Si nous prenons maintenant au hasard une plante fourragère quelconque, nous verrons que la tige, les feuilles, les fleurs, n'ont ni la même composition, ni la même valeur alimentaire pour le bétail.

Enfin, sans sortir de la division des plantes fourragères, nous verrons encore que l'âge peut en modifier beaucoup la constitution intime et la qualité, que le nombre des coupes peut en modifier le produit d'une manière assez variable qui mérite aussi de fixer l'attention.

Je ne saurais me flatter d'épuiser toutes les questions qui surgiront à chaque pas dans cés études, mais j'essayerai d'indiquer au moins celles dont la solution serait aujourd'hui prématurée, en laissant à de plus habiles ou à de plus heureux l'honneur de les éclaircir ou de les résoudre.

PREMIÈRE DIVISION.

DES CÉRÉALES.

Dans la culture des céréales, on se propose ordinairement un double but :

La production du grain destiné à la nourriture de l'homme ;

La production de la paille destinée à servir d'aliment ou de litière aux animaux.

De toutes les céréales cultivées en France, c'est le *blé* qui donne, en somme, le produit le plus considérable en argent ; c'est lui dont l'étude va d'abord nous occuper, et nous commencerons par le grain.

CHAPITRE PREMIER.

DE LA CULTURE DU BLÉ AU POINT DE VUE DE LA PRODUCTION DU GRAIN. — DIFFÉRENCE DE RICHESSE EN AZOTE DE DIVERSES VARIÉTÉS DE BLÉ. — PRÉLÈVEMENT EXERCÉ SUR LE SOL PAR CES DIVERSES VARIÉTÉS. — RENDEMENTS ET PRIX DE VENTE CORRESPONDANT A UN MÊME PRÉLÈVEMENT PAR HECTARE.

Il existe de nombreuses variétés de blé qui sont loin d'avoir toutes, comme nous le verrons, la même composition chimique ; ces blés ne produisent pas le même rendement lorsqu'on passe d'un pays à un autre ; ce rendement peut même différer, dans un même pays, dans un même champ, d'une année à l'autre, suivant les influences atmosphériques, suivant la préparation du sol, suivant le rang qu'occupe le blé dans la succession des récoltes.

Il ne saurait entrer dans notre plan d'examiner successivement, pour chaque variété de blé, toutes ces circonstances si diverses ; une pareille étude exigerait plus de temps que nous n'en pouvons consacrer ici, et il n'est pas démontré qu'on en puisse obtenir des résultats pratiques d'une utilité satisfaisante.

Nous allons nous placer tout d'abord dans des conditions moyennes, et nous admettrons, en premier lieu, pour simplifier nos raisonnements, que toutes les variétés de blé dont il sera ici question produisent le même rendement moyen ; nous examinerons ensuite la question d'une manière plus générale, en admettant des rendements différents.

Dans une série de recherches faites, il y a quatre ans, sur une partie de la riche collection de blés de M. *Manoury*, de Lébisey (près Caen), ces diverses variétés de blé, cultivées la même année, et autant que possible dans les mêmes conditions, m'ont donné les résultats suivants, sous le rapport de leur richesse en azote, après une complète dessiccation à l'étuve.

Azote par kilogramme de blé sec.

		Grammes.
1. Blé Chevalier		20,9 %
2. — hybride de franc-blé et de blé		
Williams..		21,1
3. — rouge d'Ecosse.		21,9
4. — dérivé du rouge d'Ecosse et du		
blé de Dantzig..		22,0

		Grammes.
5.	Blé goutte-d'or..	22,3
6.	— d'Adélaïde..	22,3
7.	— croisé de printemps et de blé d'hiver.	22,3
8.	— de Northampton..	22,3
9.	— Popering.	22,8
10.	— de la mer Noire.	22,9
11.	— Burrel.	23,3
12.	— croisé Dantzig-Standard..	23,5
13.	- chicot de Saint-Lô.	24,3
14.	Franc-blé sans barbe..	24,8
15.	Blé issu du blanc de Flandre et du franc-blé.	25,1
16.	— de Van Diémen.	25,4
17.	Franc-blé ordinaire de la plaine de Caen.	25,5
18.	Blé lammas rouge. Blé de Talavera.	25,6
19.	— rouge d'Ecosse barbu.	25,7
20.	— Chaplain..	25,9
21.	Franc-blé, autre variété de la plaine de Caen.	26,1
22.	Blé d'Australie.	26,3
23.	— chicot blanc.	26,4
24.	— dur de Russie.	26,5
25.	Franc-blé sans barbe issu du blé Brodier.	27,5
26.	Blé Chiddam.	27,9
27.	Gros blé dur d'Auvergne..	29,1
28.	Blé de Rostow.	31,5

Si nous admettons, pour tous ces blés de composition si notablement différente, un même rendement par hectare de 1900 kilog. de grain desséché complétement

à l'étuve, la proportion d'azote contenue dans la récolte et prélevée sur le sol par la graine seule, serait,
pour ces diverses variétés, représentée par les nombres
suivants :

Azote prélevé sur un hectare.

		Kilogrammes.
1.	Blé Chevalier.	39,7 %
2.	— hybride de franc-blé et de blé Williams.	40,1
3.	— rouge d'Ecosse.	41,6
4.	— dérivé du rouge d'Ecosse et du blé de Dantzig.	41,8
5.	— goutte-d'or.. . , ...	42,4
6.	— d'Adélaïde..	42,4
7.	— croisé de printemps et de blé d'hiver.	42,4
8.	— de Northampton..	42,4
9.	— Popering.	43,3
10.	— de la mer Noire.	43,5
11.	— Burrel..	44,3
12.	— croisé Dantzig-Standard. . .	44,7
13.	— chicot de Saint-Lô.	46,2
14.	Franc-blé sans barbe..	47,1
15.	Blé issu du blanc de Flandre et du franc-blé..	47,7
16.	— de Van Diémen.	48,3
17.	Franc-blé ordinaire de la plaine de Caen.	48,5
18.	Blé lammas rouge. Blé de Talavera.	48,6
19.	— rouge d'Ecosse barbu. . . .	48,8
20.	— Chapelain..	49,2
21.	Franc-blé (autre variété).. . . .	49,6
22.	Blé d'Australie..	50,0

	Kilogrammes.
23. Blé chicot blanc.	50,2
24. — dur de Russie.	50,4
25. Franc-blé sans barbe issu du blé Brodier.	52,3
26. Blé Chiddam.	53,0
27. Gros blé dur d'Auvergne. . . .	55,3
28. Blé de Rostow.	59,8

Si nous comparons le blé Chevalier, qui, sur cette liste, occupe le premier échelon, au gros blé dur d'Auvergne, qui en occupe l'avant-dernier, nous voyons qu'en admettant l'égalité du rendement, cette dernière variété de blé, en exigeant, pour sa graine seule, une proportion d'azote plus élevée de 39 pour 100 que celle d'un pareil poids de la première, doit être, toutes choses égales d'ailleurs, beaucoup plus épuisante pour le sol que le blé Chevalier.

La différence serait encore bien plus considérable, si les variétés les plus riches produisaient le rendement le plus grand.

Quel que soit d'ailleurs le rendement en grain de l'une quelconque de ces variétés, il serait facile, par un calcul trop simple pour qu'il soit nécessaire d'en indiquer ici les détails, de trouver la proportion totale d'azote que cette récolte de grain aura prélevée sur le sol qui l'a produite [1].

---

[1] Prenons pour exemple un rendement de 1750 kilogrammes de franc-blé ordinaire de la plaine de Caen, évalué à l'état de siccité complète : puisque cette variété contient 25,5$^{gr.}$ d'azote par kilogramme, la récolte entière en contiendra 1750 fois 25,5$^{gr.}$ ou 44 kilogrammes 625 grammes, et ce nombre représentera le prélèvement fait sur le sol par la récolte de grain seule pour chaque hectare.

Dans tout ce qui précède, nous avons comparé les blés au poids, tandis qu'ils sont encore habituellement vendus à la mesure, et il est bon de se rappeler qu'en général les blés les plus riches en matières azotées sont aussi les plus lourds, ceux dont l'hectolitre pèse le poids le plus considérable; cependant ces différences de poids sont bien loin d'être en rapport direct avec les différences de richesse en principes azotés, puisqu'elles atteignent bien rarement 4 à 5 pour 100.

Si nous nous demandons, maintenant, *quels devraient être les rendements en poids* de ces diverses variétés de blé, pour que chaque récolte prélevât sur le sol précisément la même proportion de matière azotée, et si, pour fixer les idées, nous prenons pour terme de comparaison une récolte de blé Chevalier du poids de 1900 kil. après complète dessiccation à l'étuve à 110°, nous sommes conduits aux résultats suivants :

Rendements correspondant à une même quantité totale d'azote.

	kilogrammes.
1. Blé Chevalier.	1900
2. — hybride de franc-blé et de blé Williams..	1882
3. — rouge d'Écosse..	1813
4. — dérivé du rouge d'Écosse et du blé de Dantzig.	1805
5. — goutte-d'or..	1781
6. — d'Adélaïde.	1781
7. — croisé de printemps et de blé d'hiver..	1781
8. — de Northampton.	1781
9. — Popering.	1737
10. — de la mer Noire.	1734

	kilogrammes.
11. Blé Burrel.	1704
12. — croisé Dantzig-Standard. . . .	1689
13. — chicot de Saint-Lô.	1634
14. Franc-blé sans barbe.	1597
15. Blé issu du blanc de Flandre et du franc-blé.	1582
16. — de Van Diémen. . . . . : .	1563
17. Franc-blé ordinaire de la plaine de Caen.	1577
18. Blé lammas rouge. Blé de Talavera.	1551
19. — rouge d'Écosse barbu. . . .	1545
20. — Chaplain..	1533
21. Franc-blé (autre variété). . . .	1529
22. Blé d'Australie..	1509
23. — chicot blanc.	1504
24. — dur de Russie..	1498
25. Franc-blé sans barbe issu du blé Brodier.	1444
26. Blé Chiddam.	1423
27. Gros blé dur d'Auvergne. . . .	1364
28. Blé de Rostow.	1260

Les blés les plus riches en *azote* sont aussi les plus riches en *phosphates et, sous ce dernier point de vue, on serait conduit* à des résultats analogues [1].

Maintenant de deux choses l'une : ou ces diverses variétés de blé se vendent le même prix sur le marché, et alors il est évident qu'à rendement égal le cultiva-

[1] En transformant en phosphate de chaux ordinaire tous les phosphates contenus dans le grain, on ne s'éloignera pas beaucoup de la vérité en admettant que cette quantité de phosphate de chaux, dans le blé, représente en poids les huit dixièmes du poids de l'azote.

teur est en perte d'autant plus grande qu'il se livre à la culture d'un blé plus riche en matière azotée ; ou bien l'épuisement du sol est le même, et le rendement différent ; mais alors, pour que le cultivateur y retrouvât son compte, il faudrait que les prix de vente offrissent des différences encore inconnues actuellement sur nos marchés. J'en ai rassemblé les éléments dans le tableau suivant : si l'on prenait pour le blé Chevalier (le moins épuisant à rendement égal de tous ceux que nous avons examinés) un prix moyen de 20 fr. l'hectolitre, soit 25 fr. les 100 kilogrammes, ces prix devraient être, pour les autres variétés de blés :

	fr. c.
1. Blé Chevalier.	25,»»
2. — hybride de franc-blé et de blé Williams..	25,24
3. Blé rouge d'Écosse.	26,20
4. — dérivé du rouge d'Écosse et du blé de Dantzig.	26,32
5. — goutte-d'or..	26,69
6. — d'Adélaïde.	26,69
7. — croisé de printemps et de blé d'hiver.	26,69
8. — de Northampton.	26,69
9. — Popering.	27,34
10. — de la mer Noire.	27,40
11. — Burrel.	26,88
12. — croisé Dantzig-Standard.	28,12
13. — chicot de Saint-Lô.	29,06
14. Franc-blé sans barbe..	29,74
15. Blé issu du blanc de Flandre et du franc-blé.	30,02
16. — de Van Diémen.	30,39

		fr. c.
17.	Franc-blé ordinaire de la plaine de Caen.	30,12
18.	Blé lammas rouge. Blé de Talavera.	30,62
19.	— rouge d'Écosse barbu.	30,74
20.	— Chaplain.	30,98
21.	Franc-blé (autre variété).	30,07
22.	Blé d'Australie.	31,48
23.	— chicot blanc.	31,58
24.	— dur de Russie.	31,77
25.	Franc-blé sans barbe issu du blé Brodier.	32,89
26.	Blé Chiddam.	33,38
27.	Gros blé dur d'Auvergne.	34,82
28.	Blé de Rostow.	38,49

Comme il s'agit ici de blés dont chacun représente la bonne moyenne qualité marchande de sa sorte, il suffit de se reporter à ce qui se passe réellement sur nos marchés pour reconnaître qu'il ne s'y manifeste pas de pareils écarts de prix, dans les conditions où nous nous sommes placés.

La situation peut donc se résumer ainsi :

L'intérêt de la consommation générale, au point de vue d'une riche et substantielle alimentation, demanderait de préférence l'extension de la culture des blés riches en principes azotés assimilables, qui sont les plus nutritifs ; au contraire, l'intérêt du cultivateur et celui du propriétaire du fonds demandent l'extension de la culture des blés les moins riches en gluten, ou, plus généralement, en matières azotées, parce qu'à rendement égal ils épuisent moins le sol et trouvent, sur le marché, des prix peu différents des autres.

Hâtons-nous d'ajouter que l'égalité de rendement ne

se réalise ordinairement pas, et que les blés les moins nutritifs donnent presque toujours des rendements plus élevés, partant de plus grands bénéfices au producteur. Ainsi, *à plusieurs points de vue,* dans les conditions actuelles d'appréciation vulgaire du mérite des produits, *les variétés de blé dont la culture présente le plus d'avantages aux agriculteurs, sont, parmi celles dont le placement est facile sur les marchés, les variétés les moins riches* EN PRINCIPES AZOTÉS.

CHAPITRE II.

DE LA CULTURE DU BLÉ AU POINT DE VUE DE LA PRODUCTION DE LA PAILLE.

Examinons maintenant la culture du blé au point de vue de la production de la paille.

Nous sommes moins riches en résultats d'analyses de pailles qu'en résultats d'analyses de graines. Cependant, du petit nombre d'analyses que j'ai pu rassembler de diverses sources, et de celles que j'ai faites moi-même, il résulte que la composition de la paille peut aussi différer d'une manière notable d'une variété de blé à l'autre.

Ainsi, en opérant sur de la paille de blé goutte d'or de la récolte de 1854, fauchée, j'ai trouvé, dans 100 parties de paille entière complétement privée d'humidité, 0,61 d'azote, tandis que la paille de gros blé rouge fauchée, récoltée la même année, ne m'en a donné que 0,41, ou *les deux tiers* seulement.

D'ailleurs l'analyse a montré que la paille des blés pauvres en matières azotées est pauvre elle-même, en sorte que, même en admettant une supériorité sensible dans le rendement en paille de cette dernière sorte de blés, ce serait, j'en suis convaincu, leur faire la part assez large que d'admettre la même quantité totale de matière azotée dans les deux récoltes de paille.

Il résulte de là que les conclusions que nous formulions dans le chapitre précédent, à l'occasion des récoltes de grains, sur les avantages que le cultivateur peut trouver dans l'adoption de telles ou telles variétés, ces conclusions peuvent encore être admises, lorsque l'on considère les récoltes entières, paille et grain.

La proportion d'azote contenue dans une récolte de paille est environ 40 pour 100 de celle que renferme la récolte de grain, tandis que la proportion des phosphates de la paille d'une récolte ne dépasse guère le quart de celle qu'on trouve dans le grain.

Suivant M. Nadault de Buffon, lorsqu'une récolte de blé produit un rendement de 2500 kilogrammes de grain pris à l'état ordinaire (soit 2150 kilogr. de grain complétement privé d'humidité), cette récolte peut être considérée comme composée de la manière suivante :

Grain net. . . . . 25 pour 100 de son poids.
Balles.. 6
Paille marchande. . . 55
Paille brisée et déchets constituant ce qu'on appelle en Normandie *écoussins*. 14
Total. . . 100

Il ne sera peut-être pas hors de propos de rappeler ici que, dans la paille, les différentes parties n'ont pas la même composition , et présentent, surtout dans leur richesse en azote, des différences très-notables, comme on en pourra juger par les nombres suivants, qui se rapportent à une espèce de paille assez pauvre, comme celle du gros blé rouge.

On a partagé en quatre parties distinctes cette paille, savoir :

1° Epis vides, *complétement exempts de grains*, coupés à labase de l'épi. . . 6 % du poids de la paille.

2° Feuilles. . . . . 25 %

3° Partie supérieure, environ 25 centimètres de longueur. 6,7

4° Le reste de la tige. . 62,3
____
100

En rapportant les résultats de l'analyse à la paille complétement privée d'humidité ,

Les épis vides contenaient. . 0,77 d'azote pour 100.

Les feuilles. 0,58

La partie supérieure de la tige.. 0,46

La partie inférieure.. . . 0,28

L'azote des épis vides représente environ. . . . 11,8 % de l'azote total de la paille.

Celui des feuilles 35,3

Celui de la partie supérieure de la tige. . . . 5,9

Celui de la partie inférieure.. . 47,0
____
Total. . . 100

Il résulte de là que, lorsqu'on coupe la récolte plus ou moins haut, la paille, prise dans son ensemble, aura, comme substance alimentaire pour la nourriture du bétail, ou comme litière, une valeur d'autant plus grande, à poids égal, qu'elle aura été coupée à une plus grande hauteur, et que si, en fauchant très-bas, on obtient une quantité de paille beaucoup plus grande, c'est aux dépens de la qualité réelle de cette dernière.

Il en résulte encore que l'épuisement du sol par la production de la paille ne dépend pas uniquement du poids de la récolte enlevée, mais qu'il importe, dans des évaluations de ce genre, de tenir compte de la qualité de la paille et de la manière dont s'en fait la récolte.

CHAPITRE III.

EXIGENCES GÉNÉRALES. —PRÉLÈVEMENT EN *azote* ET EN *phosphates* DES RÉCOLTES SUR UN HECTARE.—DIFFICULTÉ D'ÉVALUER LA PARTIE ALIQUOTE D'ENGRAIS PRÉLEVÉE PAR CHAQUE RÉCOLTE SUR L'ENGRAIS QUI LUI ÉTAIT DESTINÉ. — INFLUENCE DE LA NATURE DES ENGRAIS SUR LA PROPORTION DE GLUTEN. — DISTINCTION ENTRE LA RICHESSE DU BLÉ EN GLUTEN ET SA RICHESSE EN AZOTE. — PRÉLÈVEMENT FAIT PAR UNE RÉCOLTE, SUIVANT LA MANIÈRE DONT LE BLÉ EST COUPÉ. — CONTINGENT DE PRINCIPES FERTILISANTS FOURNI PAR L'ATMOSPHÈRE. — RENDEMENT DES RÉCOLTES DE BLÉ VENUES SANS ENGRAIS.

Nous avons insisté, plusieurs fois déjà, sur l'importance du rôle des phosphates et des matières azotées dans la constitution des récoltes et dans celle des engrais.

Une bonne récolte de blé, rendant 2500 kilogrammes de grain à l'état ordinaire et 5000 kilogrammes de paille par hectare, contient :

Dans le grain 54 kilogrammes d'azote dans ses principes azotés ; et dans sa paille 25 kilogrammes de la même substance, en tout 79 kilogrammes ; cette même récolte contient, moyennement, dans le grain, 43 kilogrammes 1/2 de phosphates évalués en phosphate de chaux semblable à celui qui constitue les *os* [1], et 25 kilogrammes 1/2 de cette même substance dans sa paille, en tout l'équivalent de 69 kilogrammes de phosphates de chaux des os.

Ces deux nombres, 79 kilogrammes d'azote et 69 kilogrammes de phosphates, donnent une mesure assez exacte des exigences d'une récolte de froment, puisque, dans l'état actuel de nos connaissances, nous ne voyons que le sol qui puisse lui fournir ces principes rigoureusement indispensables à toute bonne végétation.

Toutes les fois qu'un hectare de terre, quelle qu'en soit d'ailleurs la qualité, ne pourra pas mettre à la disposition d'une récolte de blé, pendant les neuf à dix mois que dure sa végétation, et sous une forme convenable , des proportions d'azote et de phosphates égales à celles que nous venons d'indiquer, l'on ne devra pas compter sur une récolte de 2500 kil. de grain et de 5000 kil. de paille, quelque favorables que soient d'ailleurs les circonstances atmosphériques.

---

[1] Il existe, dans le grain et dans la paille du froment, plusieurs sortes de phosphates dont la composition est connue ; pour en simplifier l'expression, nous avons supposé qu'on les avait tous transformés en phosphate de chaux , d'une composition semblable à celle des os, parce que c'est souvent avec cette composition que le phosphate de chaux se sépare des liqueurs qui renferment ses éléments lorsqu'on fait une analyse chimique.

En admettant comme richesse moyenne en azote et en phosphates, la proportion de 2 kil. 160 gram. d'azote et de 1 kil. 740 gram. de phosphates par quintal métrique de grain, et la proportion de 500 gram. d'azote et de 510 gram. de phosphates par quintal métrique de paille, il serait facile d'obtenir, par un calcul fort simple, le prélèvement de ces substances fait sur un hectare par une récolte quelconque de blé [1].

Il est à peine utile de rappeler ici que c'est par les engrais qu'il reçoit que le sol peut se trouver en mesure de fournir aux récoltes les matériaux nécessaires à leur végétation et à leur fructification.

Nous ajouterons cependant qu'il faut bien se garder de croire qu'il suffirait d'enfouir dans un champ une quantité d'engrais telle qu'elle contînt pour un hectare 79 kilogrammes d'azote et l'équivalent de 69 à 70 kilogrammes de phosphate des os, pour qu'il fût permis de compter, même avec les meilleures conditions, sur une récolte comme celle que nous avons prise comme exemple, et cela pour plusieurs motifs :

1° Sur l'engrais employé, une partie échappe à l'action des spongioles ou suçoirs des racines, soit en pénétrant à une trop grande profondeur si le sol est très-perméable, soit par l'action des eaux qui coulent à la surface du sol si la pente est sensible, soit parce que la décomposition de l'engrais n'est pas assez avancée

[1] Par exemple, une récolte qui aurait produit 1500 kil. de grain et 28 quintaux de paille par hectare, aurait prélevé sur le sol qui l'aurait porté : 1° par le grain , 15 fois 1 kil. 740 ou 26 kil. 1 de phosphates, et 15 fois 2 kil. 160 ou 32 kil. 4 d'azote ; 2° par la paille, 28 fois 510 gram. ou 14 kil. d'azote, et 28 fois 510 gram., ou 16 kil. 800 gram. de phosphates, en tout 46 kil. 400 gram. d'azote et 42 kil. 800 de phosphates.

dans toutes ses parties, soit enfin parce que les racines, n'occupant qu'une partie de la couche fumée, ne peuvent profiter de la totalité des principes fertilisants disponibles dans cette couche ;

2° Lorsqu'on enfouit dans un champ une masse d'engrais quelconque, une partie de cet engrais, et surtout une partie des principes azotés qui en résultent, s'unit assez intimement avec les éléments du sol pour que les récoltes ne puissent tout utiliser à leur profit, et y constitue ainsi une sorte de fonds *dont l'excédant seul est facilement disponible.*

On a déjà fait bien des tentatives dans le but d'arriver à déterminer, pour *chaque nature de récoltes, la partie aliquote qu'elle prélève sur l'engrais qui lui était destiné ;* en d'autres termes, on s'est demandé si, en donnant au sol une quantité d'engrais représentée par 100, par exemple, une récolte de blé en prélève à son profit 10, 20, 30, 40, 50, 60, etc. ; on s'est également posé la même question au sujet des autres récoltes ; mais jusqu'à présent l'on n'a pas encore trouvé de solution complétement satisfaisante, et cela ne doit pas nous surprendre, si nous réfléchissons un moment à l'ensemble des difficultés du problème à résoudre. Je me bornerai à énumérer quelques-unes de ces difficultés :

1° Tous les engrais ne sont pas assimilables avec la même facilité, parce qu'ils n'ont pas la même composition chimique, et que les matières qui les constituent ne sont pas arrivées au même état de décomposition ;

2° Tous les sols n'ont pas la même composition, ni la même perméabilité ; par conséquent, la proportion d'engrais qu'ils laisseront pénétrer hors de la portée des racines, celles qu'ils retiendront malgré l'action absorbante de ces dernières, ne sauraient être le mêmes ;

3° La richesse du sol avant l'addition de l'engrais mérite encore d'être prise en sérieuse considération, car le sol le plus riche doit, toutes choses égales d'ailleurs, céder aux racines des plantes plus facilement, et en proportions plus grandes, l'engrais dont il est pourvu ;

4° Les influences atmosphériques doivent encore jouer dans la question un rôle considérable ; une sécheresse excessive doit gêner l'absorption, tandis qu'une humidité convenable la favorise ;

5° Enfin, dans un terrain donné, les racines de chaque espèce de plantes pénètrent à des profondeurs différentes, et il suffit de comparer le blé ou l'orge à la luzerne ou au sainfoin pour comprendre que, ces plantes ne vivant pas dans les mêmes régions du sol, ne s'y trouvant pas dans les mêmes conditions par rapport aux engrais employés, la comparaison des prélèvements d'azote ou de phosphates qu'elles exercent sur le sol présente de grandes difficultés.

Cependant, nous ne prétendons pas que la question soit insoluble, nous nous bornons à signaler les principales difficultés qui peuvent en retarder la solution, et la nature de ces difficultés nous fait pressentir que cette solution perdrait probablement une partie de son intérêt pratique, si l'on cherchait à lui attribuer une trop grande généralité.

La solution pratique, pour être vraiment utile, me paraît devoir être cherchée par région climatérique et par nature de terrain.

La nature des engrais paraît exercer encore une influence marquée sur la formation du *gluten*, cette substance qui joue un rôle si important dans la *panification*.

M. le comte de Gasparin cite, à cette occasion, dans

son *Cours d'Agriculture* [1], les expériences d'Hermbs-
taedt qui, ayant fumé des surfaces égales d'un même
terrain, avec des quantités égales de différents engrais,
ramenés par le calcul à l'état de dessiccation complète,
trouva, dans les grains récoltés la même année, les proportions suivantes de gluten [2], dans 100 parties de grain,
en poids :

Engrais employé.	Gluten pour 100.	Amidon pour 100.
1° Urine humaine. . . .	35,1 . . .	39,1
2° Sang de bœuf. . . .	34,2 . . .	41,3
3° Excréments humains. .	33,1 . . .	41,4
4° — de mouton.	22,9 . . .	42,8
5° — de chèvre. .	22,9 . .	42,4
6° — de cheval. .	13,7 . . .	61,6
7° — de vache. .	12,0 . . .	62,3
8° Sans fumure.. . . .	9,2 . . .	66,7

Ces divers engrais peuvent se réunir en trois grou-
pes : les trois premiers, complétement privés d'eau, contiennent de 150 à 160 grammes d'azote par kilogramme ; le quatrième et le cinquième , de 29 à
30 grammes ; enfin, le sixième et le septième , de 22
à 23 grammes seulement.

Il semble résulter de ces expériences que, sous l'influence des engrais les plus riches en azote, les récoltes

---

[1] Tome III, page 641.

[2] Le gluten du froment s'obtient en malayant avec précaution,
sous un mince filet d'eau, la farine préalablement mise en pâte.
L'amidon, qui constitue la majeure partie de cette farine, est
entraîné par l'eau, et le gluten reste entre les mains de l'opé-
rateur sous la forme d'une matière grisâtre, très-élastique.

de blé sont plus riches en gluten et en matières azotées. Cependant, il importe d'établir une distinction, pour le blé, entre sa richesse en gluten et sa richesse en matière azotée ; car, en opérant sur des qualités différentes d'un même échantillon de blé non mélangé, *venues la même année sur le même terrain,* on obtient des résultats bien différents. Pour rendre plus facile la comparaison de ces résultats, nous les rapporterons au blé complétement privé d'eau :

Blé rouge d'Écosse.

	Azote pour 100.
Les plus beaux grains.	2,26
Grains *ridés* très-maigres.	2,44
Grains *extrêmement maigres*.	2,33

Les plus beaux grains auraient fourni la plus forte proportion de gluten, et cependant c'étaient les moins riches en matières azotées. La proportion de gluten, importante à considérer au point de vue commercial, à cause de son influence dans la panification, ne suffirait donc pas pour préciser le prélèvement d'azote effectué par une récolte, même pour une récolte de blé.

Les résultats que nous venons de citer ne s'appliquent pas seulement au blé rouge d'Ecosse : ils sont généraux, car nous les avons constatés sur d'autres variétés de blé, parmi lesquelles nous citerons encore le franc-blé barbu de la plaine de Caen et le blé Chevalier.

Franc-blé barbu de la plaine de Caen.

	Azote pour 100.
Grains *très-beaux* et bien nourris. . .	2,55
Grains triés très-maigres.	2,81

Blé Chevalier.

	Azote pour 100.
Grains *très-beaux*.	**2,09**
Grains *ridés* très-maigres..	**2,60**
Grains *extrêmement maigres*.	**2,49**

Nous avons calculé précédemment (page 18) le prélèvement fait sur un hectare par une récolte de blé, en admettant que cette récolte soit fauchée ; si nous admettions que la paille fût coupée plus ou moins haut, de manière à laisser sur le sol une quantité plus ou moins considérable d'un chaume élevé susceptible de servir d'engrais pour les récoltes suivantes, ce prélèvement d'azote et de phosphates devrait être diminué de tout ce qui reste dans le chaume. Supposons que le sciage du blé se fasse à 25 centimètres au-dessous de l'épi, dans ce cas, en admettant toujours les rendements qui nous ont servi de base précédemment, la récolte ne contiendrait qu'environ 58 kilogrammes et demi d'azote au lieu de 79 kilogrammes, et 55 kilogrammes et demi de phosphates au lieu de 69 kilogr. et demi.

Enfin, si nous supposions que la récolte se bornât à celle des épis, comme cela se pratiquait, dans l'antiquité, dans certaines régions du Midi, le prélèvement d'azote fait par la récolte se réduirait à moins de 57 kilogrammes, et le prélèvement de phosphates à 54 kilogrammes par hectare.

Nous avons raisonné, jusqu'à présent, comme si tout l'azote des récoltes était fourni par les engrais portés *directement* sur le sol par les soins du cultivateur; mais il est juste de tenir compte de la part qui revient aux météores atmosphériques (pluie, neige, brouillards, rosée) dans la fertilisation du sol. Les recherches entreprises depuis une douzaine d'années, sur divers points de la France, paraissent avoir établi qu'on ne s'éloignerait pas beaucoup de la vérité en évaluant à 27 *kilogrammes et demi la quantité d'azote combiné que reçoit annuellement un hectare de terre, sous forme d'ammoniaque, d'acide azotique ou d'azotates.* Lorsqu'on ne tient pas compte de cette source de fertilité dans les discussions agronomiques, on est parfois assez embarrassé pour donner l'explication de certains résultats fournis par la pratique.

Si nous-nous reportons, par la pensée, à l'agriculture des peuples nomades anciens et modernes, chez lesquels l'usage des engrais était et est encore presque inconnu, en faisant intervenir ce contingent de principes fertilisants fournis chaque année par l'atmosphère, il sera possible de comprendre comment une terre qui n'a jamais reçu d'engrais de la part de celui qui la cultive peut cependant lui donner une récolte passable.

Admettons, ce qui ne doit pas être loin de la vérité, que le poids du grain représente le tiers de celui de la paille, et supposons que, dans ces terres, qui doivent être arrivées à l'état normal de richesse primitive que comporte leur nature, la récolte puisse, tous les deux ans, s'assimiler l'équivalent des trois quarts de ce qu'apportent d'azote chaque année les pluies, les rosées, etc., ou 20 kilogrammes 640 grammes, le calcul répartirait cet azote de la manière suivante :

Pour la paille. . . . . 6 $^{kil.}$ 54
Pour le grain. 14, 1

Si nous admettons, pour ce grain, le poids moyen de 78 kil. l'hectolitre, et la teneur moyenne de 22 grammes d'azote par kilogramme de blé, pris à l'état normal, nous trouvons qu'une pareille récolte serait représentée par 7 hectolitres 20 litres de blé à l'hectare. Par des considérations d'un autre ordre, M. de *Gasparin* était arrivé à ce résultat que, sous l'influence fertilisante de l'atmosphère seule, une bonne terre pourrait produire tous les deux ans 7 hectolitres et demi de blé.

Enfin, suivant M. *Hardy* (*Moniteur du* 23 *janvier* 1859), la culture du blé produit aux indigènes du Tell 6 quintaux à l'hectare, dans les bonnes récoltes, soit environ 8 hectolitres.

Il semble, à première vue, en présence de la continuité des apports de l'atmosphère, qu'un pareil mode de culture puisse fournir indéfiniment les mêmes produits, lorsqu'on n'est pas trop exigeant sur la quantité du rendement, et surtout si l'on ne récolte que les épis, ou du moins si l'on coupe la paille très-haut ; mais c'est là une erreur qu'il importe de rectifier, parce qu'elle a eu, dans certains pays, des conséquences désastreuses.

Au nombre des éléments indispensables à la production du blé, indispensables à toute bonne végétation, il ne faut pas oublier de placer les phosphates ; or, les météores atmosphériques n'en restituent pas au sol ou n'en restituent que des traces.

Il en résulte qu'au bout d'un certain nombre d'années, après avoir ainsi prélévé sur une terre donnée un certain nombre de récoltes, celle-ci se trouve modifiée de plus en plus dans sa nature, par la diminution de la proprotion des phosphates, et il arrive un moment où la récolte cesse de payer les frais qu'elle a occasionnés, quelque minimes que soient ces frais.

C'est là l'un des meilleurs arguments que l'on puisse invoquer en faveur de la nécessité de l'emploi des engrais, et ceux-ci ne satisferaient même pas à leur destination s'ils ne renfermaient pas, au nombre de leurs principes constitutifs, et en proportion suffisante, ces phosphates dont l'analyse a reconnu l'existence dans toutes les récoltes [1].

C'est en venant en aide à la nature, c'est en restituant par des engrais les éléments que les récoltes avaient emprunté au sol, que le cultivateur a pu maintenir la fertilité de celui-ci; c'est en lui donnant parfois plus qu'il ne lui avait pris qu'il est parvenu à élever successivement jusqu'à 20 ou 25, et même jusqu'à 30 hectolitres par hectare des rendements qui, dans beaucoup de nos départements, ne dépassaient pas 12 à 14 hectolitres il y a 30 ans à peine.

Cependant le climat et le sol n'ont pas changé, il n'y a que la manière d'en tirer parti, qui n'est plus la même; c'était d'ailleurs une nécessité d'augmenter le rendement pour diminuer relativement les frais de production de chaque hectolitre, frais qui ont considérablement augmenté depuis un demi-siècle, et qui constituent, pour chaque hectolitre de blé récolté, une partie aliquote d'autant moins considérable qu'ils sont répartis sur un plus grand nombre d'hectolitres.

---

[1] Il est à peine besoin d'ajouter ici qu'en attribuant aux posphates et aux matières azotées une si grande part d'influence dans l'efficacité des engrais, nous sommes bien loin de contester l'importance et l'utilité des autres principes qu'ils renferment habituellement.

CHAPITRE IV.

Prélèvements faits sur un hectare par diverses récoltes de céréales. — Valeur des pailles et autres résidus pour l'alimentation du bétail. — Fourrages verts fournis par les céréales.

Nous pourrions discuter, comme nous l'avons fait pour le blé dans le chapitre précédent, les circonstances analogues qui se rapportent à la culture des autres céréales, mais il est facile de voir que la marche à suivre serait la même que pour le blé ; nous nous bornerons à présenter les principaux éléments de cette discussion, qui ne saurait plus offrir maintenant de difficulté sérieuse.

Prélèvement fait sur un hectare par une récolte de *Seigle,* **d'***Orge,* **d'***Avoine,* **de** *Sarrasin* **ou de** *Maïs* **dans les conditions de rendement qui suivent :**

NATURE des Récoltes.		RENDEMENT.	AZOTE contenu dans la récolte.	PHOSPHATES évalués en phosphates de chaux.
			kil.	
Seigle . .	grain	3000 kil.	51,6	85 kil.
	paille.	6000	13,2	10
Orge. . .	grain.	1850	33,5	29,2
	paille.	3600	10,7	9,0
Avoine. .	grain.	1800	27,1	47,2
	paille.	3600	15,3	14,5
Sarrasin	grain.	1500	30,0	45,0
	paille.	1500	9,0	11
Maïs. . .	grain.	2800	»	33
	paille.	7500	»	128

Dans tout ce qui précède, nous ne nous sommes pas

préoccupé de l'emploi que l'on peut faire des céréales pour l'alimentation du bétail ; cependant elles fournissent un contingent chaque jour plus important dans les rations alimentaires des animaux.

Si, comme nous l'avons rappelé précédemment, les phosphates et les matières azotées jouent un rôle considérable dans la valeur des engrais, il en est de même dans l'alimentation des animaux : les matières azotées contribuent à la production de la chair, les phosphates à la production de la substance osseuse qui constitue la charpente animale.

L'expérience paraît avoir établi que la valeur nutritive des aliments *de nature et de constitution analogues* est sensiblement proportionnelle à leur richesse en matière azotée assimilable. En partant de ce principe, nous avons pu dresser le tableau suivant, en prenant pour type le foin de bonne qualité moyenne que l'on désigne habituellement sous le nom de *foin normal*.

NATURE. des pailles ou autres résidus des récoltes.	AZOTE par kilogramme.	POIDS équivalant à 100 de foin normal.
Foin normal. . . .	11,5 gr.	100
Paille de seigle . . .	2,2	520
Paille d'orge. . . .	2,5	460
— d'avoine. . .	4,5	255
— de sarrasin.. .	5,8	198
— de maïs.. . .	»	»
— de blé. . . .	6,0	230
Épis vides.	7,3	158
Feuilles..	6,2	185
1/3 supérieur de la tige.	5,1	225
2/3 inférieurs.. . .	3,4	338
Balles pures. . . .	6,3	182
Balles mêlées d'herbes.	de 7 à 11,5	161 à 100

Les céréales peuvent encore fournir souvent, à l'état *vert*, du fourrage pour les animaux.

C'est ainsi qu'il arrive souvent, lorsque le blé pousse trop fort et trop vite au printemps, et qu'il est à craindre de le voir se coucher, sous le poids de ses feuilles, avant l'épiage, on l'*écime* ou on l'*éfane* à la faucille, pour le débarrasser d'une partie de ses feuilles, en évitant de baisser la faucille jusqu'à la partie de la gaîne où se trouve enfermé l'épi; on obtient ainsi un excellent fourrage vert, dont 131 kilogrammes seulement suffiraient pour remplacer 100 kilogrammes de foin normal fané. Si l'on amenait ces feuilles, par le fanage, au même degré de dessiccation que le foin ordinaire, c'est-à-dire à ne plus contenir que 15 à 20 pour °/₀ d'eau, elles contiendraient alors près de 34 à 35 grammes d'azote par kilogramme, et représenteraient, sous ce rapport, environ trois fois leur poids de foin normal.

Le *seigle* peut fournir aussi, dans des circonstances analogues, un excellent fourrage vert; mais le plus souvent, c'est en faisant consommer la récolte entière, au moment où les autres fourrages verts ne sont pas encore assez avancés pour être livrés à la consommation.

Coupé au moment où sa hauteur atteint de 18 à 20 centimètres, il contient 5ᵍʳ,4 d'azote par kilogramme, et il en faudrait environ 213 kilogrammes pour équivaloir à 100 kilogrammes de foin normal. Coupé un peu plus tard, au moment de l'épiage, il est un peu moins riche et ne contient plus que 4 grammes 3 décigrammes d'azote par kilogr.; dans cet état, il en faudrait environ 267 kilogr. pour remplacer 100 kilogr. de foin normal. Un hectare de bon seigle, coupé à cette époque, pourrait donner de 25 à 30 millé kilogrammes de fourrage vert, tandis que, dans le premier état, il n'en donnerait guère que le tiers[1].

On emploie encore souvent, comme fourrage vert, surtout dans les environs de Paris, l'orge d'hiver connue sous le nom d'*escourgeon*. Ce fourrage, qu'on sème un peu dru, est même préférable, à poids égal, au seigle vert, parce qu'il est plus feuillu et plus tendre.

Enfin, dans les pays où le maïs est cultivé en grand, il fournit aussi, à l'époque de sa floraison, une assez grande quantité d'un excellent fourrage vert, ressource d'autant plus précieuse pour les pays qui la possèdent, qu'à cette époque les fourrages verts y deviennent rares.

Lorsque le maïs a passé fleur, que les pistils ou soies de l'épi commencent à jaunir et à s'incliner vers la terre, on retranche la partie supérieure de la tige, à partir et un peu au-dessus du nœud le plus rapproché de l'épi le plus élevé. La séve de la plante se concentre alors dans ces épis, et l'on obtient, par cette opération, un fourrage excellent non seulement en vert, mais susceptible d'être fané, et que le bétail consomme volontiers sous cette dernière forme.

[1] M. Boitel, voyant, à l'Institut agronomique de Versailles, un seigle fortement fumé, sur le point de verser dès le mois d'avril, en fit faucher une partie pour être mangée en vert ; ce seigle avait déjà près d'un mètre de hauteur et était parvenu aux trois quarts de sa croissance. Il obtint de cette manière un excellent fourrage vert et la récolte de cette partie du champ, quoique un peu tardive, fut néanmoins plus avantageuse que celle des parties contiguës, parce que le seigle non fauché avait versé de très-bonne heure.

DEUXIÈME DIVISION.

CULTURES FOURRAGÈRES.

PRAIRIES PERMANENTES. — PRAIRIES TEMPORAIRES. — PRAIRIES
ANNUELLES.

Dans toute agriculture habilement dirigée, le but
principal des combinaisons du cultivateur c'est de tirer,
pratiquement, le plus grand profit possible, tout en mé-
nageant les ressources de l'avenir.

Le but vers lequel poussent la plupart des agronomes
théoriciens, c'est de tirer du sol, avec des ressources
données, la plus grande somme de produits utilisables,
sans compromettre la fertilité de la terre.

Si la valeur de tous ces produits divers était constamment en rapport bien défini avec sa composition chimique, la théorie et la pratique marcheraient toujours en
parfait accord; mais les produits du sol ne paient pas
tous au même prix l'engrais, la main-d'œuvre et tous
les frais divers qui leur ont été consacrés. Une foule de
circonstances, indépendantes pour la plupart de la vo-
lonté du cultivateur, viennent le gêner dans ses allures
et restreignent plus ou moins le cercle dans lequel il
lui est permis de se mouvoir avec avantage; et ces circonstances varient d'une année à l'autre, sans parler de
celles qui résultent de la différence des climats, des habitudes locales, des voies de communications, etc.

Par exemple, le prix des engrais tend à s'accroître chaque année ; il devient donc nécessaire, ou de les appliquer aux cultures qui paient le mieux les dépenses qu'on leur consacre, ou d'en tirer meilleur parti par un emploi plus judicieux, ou bien encore de chercher à les préparer soi-même dans les meilleures conditions possibles ; un instant de réflexion nous conduit à reconnaître que le mieux serait de faire les trois choses à la fois.

Mais pour faire des engrais avec les produits de la culture plusieurs voies sont ouvertes ; l'une, qui consisterait à enfouir dans le sol, soit immédiatement, soit après les avoir mis dans des conditions convenables pour leur faire éprouver un commencement de désagrégation, les produits des récoltes les moins avantageux pour la vente, les pailles, par exemple ;

Une autre qui consisterait dans des enfouissements de plantes vertes parvenues à leur floraison ;

Enfin, la troisième consite à faire consommer par le bétail certains produits spéciaux, tels que fourrages divers, résidus des récoltes des céréales, déchets de grains, balles, pailles, etc.

On a dit bien des fois que le bétail est *un mal nécessaire ;* qu'il soit nécessaire pour l'agriculteur, il n'est pas permis d'en douter ; mais qu'il soit réellement un mal, ou, pour parler plus clairement, qu'il soit une charge, c'est ce qu'il serait difficile de croire, en présence de la persistance et des progrès de sa production, en présence des efforts incessants que l'on fait pour son amélioration ; tout prouve que ce mal prétendu n'est autre chose qu'un bien dont on ne s'est pas toujours rendu compte suffisamment.

Il est bien certain que, si le bétail n'était autre chose

qu'une machine à fumier, son emploi serait non pas un mal, mais une duperie, parce qu'il ressemble à toutes les machines dont l'effet utile ne représente jamais qu'une partie de la force qui l'a produit.

Dans l'opinion de certaines personnes, les aliments donnés au bétail s'enrichissent en passant dans le corps des animaux pour arriver à l'état de fumier; c'est une erreur; le bétail n'est pas un producteur, mais un destructeur d'engrais.

Si le bétail ne devait servir qu'à transformer les fourrages en engrais, il vaudrait mieux entasser directement ces fourrages dans la fosse à fumier, on s'éviterait ainsi les dépenses d'achat, d'entretien, de logement, faites pour ces animaux qui ne rendent jamais sous forme d'engrais plus des 8 dixièmes des matières azotées qui leur ont été données sous forme d'aliments.

Mais ce n'est pas ainsi qu'il faut comprendre l'économie du bétail; sur les aliments qu'on lui donne, une partie est destinée à son *entretien*, c'est-à-dire, sert à maintenir son existence, à réparer les pertes de toute nature qu'il éprouve chaque jour, et qui tendent à diminuer son poids; une autre partie est rejetée sous forme d'engrais. Mais la partie la plus fructueusement utilisée est celle qui se transforme en viande, en graisse, en laine ou en lait, ou qui sert à subvenir aux dépenses de force des bêtes de travail. Cette partie des aliments acquiert, sous ces nouvelles formes, une valeur bien supérieure à celle du fourrage, et l'intérêt du producteur consiste, non pas à faire le plus de fumier possible avec un poids donné de fourrage, mais en quelque sorte à en faire au contraire le moins possible, en faisant consommer les fourrages par des animaux de races perfectionnées, abondamment nourris, restituant sous forme de viande, de laine ou de lait, la plus grande somme de produits possibles.

Chez le cultivateur arriéré, l'engrais produit par le bétail est la chose principale ; chez le cultivateur habile, au contraire, c'est en quelque sorte un produit accessoire ; accessoire utile, important, nécessaire si l'on veut ; mais ce n'est plus le seul but qu'on se propose. Ici encore la variété des produits est un grand'progrès, puisque le cultivateur qui n'utiliserait son bétail que pour la production du fumier, perdrait en réalité d'autant plus qu'il aurait plus de bétail à nourrir, tandis que l'autre retire de ses animaux un bénéfice réel et quelquefois considérable.

Mais pour alimenter le bétail, pour en tirer un produit avantageux, il faut *beaucoup* de fourrages.

A ce point de vue, la culture des fourrages est donc une nécessité, parce que les résidus des autres récoltes qu'on ne porte pas au marché ne constituent le plus souvent qu'une alimentation médiocre.

La culture des plantes fourragères présente encore d'autres avantages sur lesquels nous allons un moment nous arrêter.

Nous savons déjà que les céréales n'utilisent pas la totalité de l'engrais qu'on leur fournit, parce qu'une partie de cet engrais échappe à l'action de leurs racines, et pénètre à une certaine profondeur ; il en résulte que ces cultures n'utilisent pas, à beaucoup près, tous les principes fertilisants fournis au sol par les fumiers.

Ces principes sont plus abondants qu'on ne le pense dans les couches de terre où la charrue ne pénètre pas. Dans une analyse comparative que j'ai faite de la couche supérieure d'environ 20 centimètres d'une terre des environs de Caen, j'y ai trouvé, par kilogr., 1ᵍʳ659 d'azote combiné, soit par hectare 6636 kilogr.

En examinant la couche située au-dessous de la précédente, depuis 20 jusqu'à 40 centimètres de profondeur, j'y ai trouvé 1ᵍʳ157 d'azote par kilogramme, soit, pour la couche entière de 20 centimètres, 4468 par hectare, c'est-à-dire au moins les deux tiers de ce que renfermait la couche supérieure.

Parmi les plantes fourragères, il en est dont les racines pénètrent à une profondeur bien supérieure à celle des racines des céréales. Aussi, lorsque ces dernières ont en quelque sorte épuisé la couche supérieure, les autres vont à leur tour chercher à de plus grandes profondeurs ce qui avait échappé à l'action des premières. Ce sont des récoltes obtenues pour ainsi dire sans engrais, et qui ramènent à la surface, par les débris qu'elles y laissent, des principes fertilisants qui eussent été perdus sans leur intervention.

Enfin, il est des terrains qui se prêtent difficilement à la culture des céréales et des plantes annuelles et qui, au contraire, peuvent porter avantageusement des prairies naturelles.

Tels sont les sols un peu humides, trop argileux, certaines terres en pente et les terrains soumis à des inondations presque périodiques au moment des grandes eaux.

Ces derniers terrains ne pourraient guère être livrés avec succès à la culture des céréales, malgré le pouvoir fertilisant des eaux, tandis que leur mise en prairies peut donner d'excellents résultats.

Ainsi l'établissement des prairies, naturelles ou artificielles, peut être nécessaire :

1° Pour la production des fourrages indispensables

à la production économique des engrais, et à la production de la chair, de la laine et du lait;

2º Pour tirer meilleur parti d'engrais non complète-
ment utilisés par les cultures annuelles ordinaires;

3º Pour tirer meilleur parti de certains terrains qui,
par leur nature ou par leur position, ne se prêteraient
pas d'une manière aussi avantageuse à ces mêmes cultures annuelles ordinaires.

Enfin, lorsque des prairies naturelles sont susceptibles d'être inondées ou soumises à des irrigations régu-
lières, elles peuvent trouver, dans les vases charriées
par les eaux ou dans les matières que celles-ci tiennent
en dissolution, un aliment suffisant pour entretenir leur
fertilité et fournir par leurs récoltes, en passant par le
corps des animaux, une partie ou même la totalité de
ces principes précieux (azote et phosphates), qui sont
exportés chaque année du domaine sous forme de blé,
de graines diverses, de laine, de lait ou de viande vi-
vante.

Les domaines qui se trouvent dans de pareilles conditions peuvent avoir l'immense avantage d'être dis-
pensés de ces achats dispendieux d'engrais commerciaux qui réduisent dans une si forte proportion les bénéfices du cultivateur.

Seulement, ne perdons pas de vue que, dans une exploitation, il ne peut y avoir que deux cas bien avérés
où il soit permis d'exporter indéfiniment des produits
sans importer en compensation une certaine quantité
d'engrais :

1º Celui où une partie du domaine consiste en prairies
irriguées ou submersibles de temps en temps;

2º Celui où des troupeaux pourraient trouver, *hors
du domaine,* par le parcours, une nourriture suffisante

pour produire et rapporter à la ferme la quantité d'engrais équivalente à l'exportation ; c'est ce qui n'est presque jamais réalisé.

Les prairies peuvent être subdivisées en trois classes distinctes suivant leur nature, et indépendamment du sol sur lequel elles sont établies :

1re classe.— Prairies permanentes.

2e classe. — Prairies temporaires.

3e classe. — Prairies annuelles.

PREMIÈRE CLASSE.

PRAIRIES PERMANENTES.

Ces prairies sont, par la nature même des choses, composées de plusieurs espèces de plantes, souvent même d'un très-grand nombre d'espèces vivant côte à côte, et formant, par l'envahissement de leurs racines et le mélange de leurs tiges, ce qu'on appelle le *gazon* des prairies.

Ces diverses espèces de plantes vivent d'autant mieux ensemble, leur mélange donne des produits d'autant plus avantageux, toutes choses égales d'ailleurs, qu'elles ont, pour végéter, des besoins et des aptitudes plus diverses, que leurs racines occupent des couches du sol plus distinctes par leur profondeur.

Lors même qu'on n'aurait semé dans l'origine qu'une seule espèce de graines, dit M. le comte de Gasparin, on n'en verrait pas moins surgir bientôt d'autres plantes, dont les graines préexistaient dans le sol à la surface duquel les labours et façons préparatoires les ont ramenées, ou dont les semences ont été apportées successivement par les vents, par les eaux, ou même par les oiseaux. Chacune de ces plantes vient alors peu à peu:

prendre sa place, suivant son degré de vitalité, dans les conditions où elle se trouve.

En choisissant les espèces les plus convenables au sol auquel on les destine, on ne fait que hâter, par le semis, le moment où la prairie sera peuplée d'une manière à peu près normale des espèces les mieux appropriées au fonds qui doit les nourrir ; mais c'est en définitive la nature du sol et le climat qui maîtrisent le rapport et la prospérité des espèces appelées ainsi à vivre simultanément dans la prairie.

Les irrigations, le drainage, les engrais et les amendements viennent ensuite exercer une influence que l'on peut considérer comme l'équivalent d'une modification dans la nature du climat ou dans la composition chimique du sol.

CHAPITRE PREMIER.

DES ESPÈCES DE PLANTES PROPRES A CHAQUE NATURE DE SOL. — LEUR RICHESSE EN AZOTE. — PRÉLÈVEMENT D'AZOTE QUE FERAIT CHACUNE D'ELLES SUR UN HECTARE, SI ELLE VÉGÉTAIT SEULE ET COUVRAIT LE SOL.

Chaque nature de sol a ses espèces qui peuvent y trouver de plus grandes chances de prospérité ; nous emprunterons à l'excellent *Traité d'agriculture* de M. de Gasparin les renseignements les plus importants sur les espèces qui vivent habituellement sur les terrains frais, sur les terrains humides et sur les terrains secs ; on les trouvera ci-après sous forme de tableaux.

La première colonne de chiffres donne la richesse en azote du foin de chacune de ces plantes, richesse rapportée à un kilogramme de foin fané dans des conditions normales. La dernière colonne donne la proportion totale d'azote qui serait contenue dans la récolte faite sur un hectare de prairie exclusivement formée par la plante dont il s'agit.

Nous aurions pu ajouter encore le rendement correspondant à chaque plante, si elle occupait seule et garnissait convenablement le sol ; mais ce renseignement s'obtiendra facilement en divisant le nombre inscrit dans la dernière colonne par le nombre qui se trouve sur la même ligne dans la première. Par exemple, nous trouvons que le paturin flottant contient 19^{gr}5 d'azote par kilogramme, et qu'une récolte entière de cette plante représente 90 kilogrammes d'azote par hectare ; en divisant 90 kilogrammes ou 90 000 grammes par 19,5, on trouve, pour le rendement en foin à l'hectare, 4615 kilogrammes. On procéderait exactement de la même manière pour les autres plantes.

§ I. — Plantes des terrains humides, qui ne prospèrent que lorsque leurs racines sont en contact avec l'eau.

	Azote par kilog. de foin normal.	Produit en azote par hect.
Poa fluitans (*paturin flottant*), excellent. . . .-	19^{g},5	90 kil.
— serotina.	11,8	104
— aquatica (abondant, mais grossier).	5,4	159
— airoides (*paturin des canches*). .	12,7	47
Phleum nodosum.	8,0	57
— pratense (*timothy-grass, phléole des prés*), excellent.	10,0	95
Phalaris arundinacea (*rubanier*), un peu grossier..	14,9	209

	Azote par kilog. de foin normal.	Produit en azote par hect.
Alopecurus pratensis (*vulpin des prés*).	6,7	46
Festuca elatior..	15,3	115
— pratensis,.	5,8	»
— gigantea (*fétuque géante*)..	17,1	344
— arundinacea..	5,4	130
— cœrulea (*féluque. bleue*). .	9,8	31
Agrostis stolonifera.	13,3	121
— decumbens..	10,5	55
Arundo phragmites.	7,5	150
Lathyrus pratensis (*gesse des prés*), bien mangé.	23,6	236
— palustris (*gesse des marais*).	22,0	236
Vicia sepium (*vesce des haies*).. .	11,4	»

A part quelques exceptions, la plupart des plantes des terrains humides sont peu nourrissantes, quelquefois malsaines ; les récoltes sont souvent meilleures comme litières et pour l'emballage que comme fourrage à faire consommer au bétail. Les plantes désignées ici sous les noms de festuca pratensis, festuca elatior, poa fluitans, poa aquatica, lotus uliginosus, phleum pratense, alopecurus pratensis, etc., fournissent en vert, encore tendres, un assez bon pâturage, mais leur foin est peu nourrissant, et il est nécessaire, pour le rendre meilleur, de le faucher avant maturité.

§ II. — Prairies fraiches.

Elles appartiennent plus particulièrement, dit M. Nadault de Buffon, aux terrains d'alluvion naturellement très-riches, situés dans les plaines, au bord des rivières, ou dans les petits vallons naturellement assez humides, au moins pendant la majeure partie de l'année, pour entretenir en bonne végétation les plantes qui constituent ces prairies.

Outre la possibilité d'irrigation qui résulte quelquefois du seul voisinage d'un cours d'eau, la plupart de ces prairies, surtout celles des plaines traversées par les rivières, profitent fréquemment du bénéfice des submersions périodiques qui amènent chaque année, par le colmatage, de nouveaux éléments de fécondité.

La fertilité naturelle qui résulte de la situation de ces terres permettrait d'y introduire avec succès la plupart des cultures annuelles. Mais leur fréquente submersibilité et l'abondance de leurs produits en herbe les fait, avec raison, maintenir en prairies qui peuvent être portées à une haute production.

Les prairies de cette sorte, composées presque exclusivement de graminées et de légumineuses annuelles, ne présentent que des plantes dont les racines, plutôt chevelues que pivotantes, ne réclament ordinairement pour leur végétation qu'une couche de terre peu profonde. Cependant le rendement est généralement en rapport avec la profondeur du sol fertile.

Plantes des terrains frais.

	Azote par kilog. de foin normal.	Produit d'azote par hect.
Festuca elatior..	17^g,1	342 kil.
— loliacea.	8,3	66
— sylvatica.	21,5	451
Avena elatior (*fromental*), amer. .	8,5	55
— pubescens.	6,7	44

	Azote par kilog. de foin normal.	Produit d'azote par hect.
Lolium perenne (*ray-grass*), médiocre.	9,8	36
Alopecurus pratensis (*vulpin des prés*).	6,7	44
Phleum pratense.	10,2	190
Agrostis canina (*agrostis des chiens*).	7,4	29
— vulgaris.	13,5	120
Cynosurus cristatus.	11,1	122
Anthoxanthum odoratum (*flouve odorante*).	6,2	15
Dactylis glomerata (*dactyle pelotonné*), excellent. . . .	8,5	122
Holcus lanatus (*houlque laineuse*), excellent.	19,2	144
Poa pratensis (*paturin des prés*), craint l'humidité. . . .	10,3	34
— trivialis (*paturin commun*). .	16,0	40
— nemoralis.	16,4	144
— maritima (*paturin salé*), très-recherché.	18,8	103
Bromus erectus.	5,8	49
Hordeum secalinum.	15,6	57
Aira cœspitosa.	10,2	38
Trifolium pratense (*trèfle rouge des prés*).	17,4	120
Vicia sepium (*vesce des haies*). . .	11,4	80
— cracca.	11,5	80
Medicago sativa (*luzerne*). . . .	16,6	166
— lupulina (*minette*). . . .	25,0	85
Lathyrus pratensis (*gesse des prés*).	»	»

§ III. — Prairies élevées ou en pente.

C'est pour cette classe de prairies surtout que l'irrigation peut produire de grands résultats ; leur foin est généralement meilleur et plus recherché que celui des prairies basses. On s'applique à y faire dominer le ray-grass, le fromental, le paturin et le brome des prés, la fétuque élevée, la fétuque et le vulpin des prés, la phléole, le dactyle pelotonné, le brome géant, etc., et les bonnes espèces légumineuses.

Lorsque ces prairies sont en pente et bien établies, elles sont plus avantageuses que les cultures annuelles, parce qu'elles préviennent l'entraînement du sol par les pluies, mieux que ne le font les cultures ordinaires. Leur produit est plus avantageux et plus durable, surtout lorsque la couche de terre végétale n'a qu'une faible épaisseur.

Prés secs.

Ils se trouvent le plus ordinairement sur des terrains élevés qu'on laisse incultes toute l'année, à l'état de pâtis ou de pâturages, et qui, le plus souvent, n'ont pas d'autre destination.

Il ne faut pas perdre de vue que la plupart des plantes des terrains secs susceptibles de donner un produit avantageux, avec des soins convenables, n'y donneront presque rien si on les abandonne à elles-mêmes après les avoir semées.

Plantes de terrains secs.

Ces plantes résistent à la sécheresse, mais leur produit dépend des intervalles de fraîcheur du sol pendant lesquels seulement elles peuvent pousser.

	Azote par kil. de foin normal.	Azote produit par hect.
Lolium perenne (*ivraie vivace*). .	9,8	36 kil.
Poa trivialis (*paturin commun*). .	16,0	40
Cynosorus cristatus.	10,0	22
Festuca glauca (*fétuque verte*). .	9,9	53
— rubra (*fétuque rouge*) . .	8,3	53
— ovina (*fétuque ovine*). . .	10,9	27
— duriuscula.	13,0	120
— myuros.	8,4	27
Bryza medica.	13,9	47 kil.
Elymus arenarius (*elyme des sables*) dur.	13,0	36
Agrostris rubra.	10,0	31
— vulgaris.	13,0	49
Stipa pennata.	15,1	»
Triticum repens, bon, mais épuisant.	15,3	109
Holcus mollis (*houlque molle*), excellent.	26,0	306
— odoratus.	19,2	36
— lanatus.	19,2	142.
Avena pratensis.	13,7	29
— flavescens.	17,9	56
Bromus secalinus.	15,2	59
— asper.	12,1	54
Alopecurus agrestis.	5,9	26
Aira flexuosa (*canche flexueuse*). .	6,3	22
Poa compressa.	18,3	29
Achillea millefolium.	8,0	»
Trifolium repens.	21,4	64
— procumbens.	»	»
— maritimum.	»	»

	Azote par kil. de foin normal.	Azote produit par hect.
— frugiferum.	»	»
Hedysarum onobrychis (*sainfoin*).	18,0	146
Dactylis cynosuroides.	»	220

Nous voyons, par l'inspection des nombres inscrits dans les tableaux qui précèdent, que lorsqu'une même plante végète dans des sols différents, elle peut avoir une composition différente et donner des rendements très-dissemblables.

Nous devons ajouter encore que les fourrages les plus riches en azote, les plus riches en principes alimentaires, ne sont pas pour cela les plus recherchés par les animaux ; leur dureté, leur saveur spéciale, peuvent les faire rechercher avec plus ou moins d'appétence, refuser avec plus ou moins de persistance.

Ainsi le paturin aquatique, l'un des plus riches, n'est accepté par les animaux que faute de mieux.

Une récolte de foin peut être fort abondante et n'avoir pas pour cela la même valeur, ne pas donner un produit aussi avantageux qu'une récolte moins abondante, contenant même une moindre quantité de ces principes azotés auxquels on attache tant de prix, parce qu'elle nécessitera plus de frais de fanage, de bottelage et de transport, et que le foin, consommé avec répugnance, sera plus gaspillé par le bétail auquel on le donne comme aliment.

CHAPITRE II.

VALEURS RELATIVES DES DIFFÉRENTES SORTES DE FOIN. — INFLUENCE DES ENGRAIS. — INFLUENCE DE L'ÉPOQUE ET DU NOMBRE DES COUPES.

La culture des prairies est moins incertaine dans ses résultats que celle des plantes annuelles ; les soins qu'on y consacre sont plus uniformes, plus réguliers et moins coûteux. Enfin elles présentent d'autant plus d'avantages qu'elles sont portées à un plus haut degré de fertilité, ce qui n'a pas toujours lieu pour les cultures annuelles, surtout pour les céréales qui craignent la verse ou qui mûrissent mal dans des terres trop fertiles.

Seulement il ne faut pas croire que, parce que ces prairies peuvent être considérées comme un produit *naturel* et spontané du sol, dans les climats où elles se plaisent le plus, on puisse les abandonner purement et simplement à elles-mêmes, n'y mettre le pied que pour les faucher ou les dépouiller d'une manière quelconque, sans s'inquiéter de réparer la déperdition de substances qu'éprouve le sol ; les prairies doivent être l'objet de soins assidus sur lesquels nous reviendrons bientôt, et ici encore, et plus qu'ailleurs peut-être, le cultivateur reçoit dans la mesure de ses soins et de sa générosité.

Outre que les prairies ne sont pas toutes composées des mêmes espèces de plantes et donnent des foins de qualités et de valeurs diverses, les mêmes plantes, venues sur des terrains différents, sont loin d'avoir les mêmes propriétés alimentaires.

Ainsi la festuca elatior donne un fourrage fané qui contient, dans les prés humides, 15^{gr},3 d'azote par kilogramme; dans les prés frais, 17^{gr},1.

L'agrostis vulgaris (*herd-grass*) contient, dans les prés secs, 13^{gr},5 d'azote par kilogr.; dans les prés frais, 13 grammes seulement.

L'avena flavescens contient, dans les terrains secs, 17^{gr},9 d'azote par kilogramme, d'après M. de Gasparin; dans les terrains frais, elle n'en contient que 7^{gr},4, d'après M. Louis Vilmorin.

Le holcus lanatus contient, dans les terrains secs, 19^{gr},2 d'azote par kilog., d'après M. de Gasparin; dans les terrains frais, il n'en contient que 12^{gr}4, d'après M. L. Vilmorin.

L'alopecurus pratensis, dans les prés humides, ne contient que 6^{gr}7 d'azote par kilog.; il en contient, dans les prairies fraîches, 14^{gr},5, plus du double.

Le phleum pratense (*timothy-grass*) en contient, dans les prés humides, 10^{gr} par kilogr., d'après M. de Gasparin; dans les prés frais, 12^{gr},7, suivant M. Vilmorin.

L'époque de la coupe, l'état de fertilité de la prairie, peuvent aussi avoir sur la composition et la valeur alimentaire du fourrage une influence très-marquée.

Ainsi, M. Houzeau, en opérant comparativement, dans un même champ, sur une parcelle fumée et sur une parcelle contiguë qui n'avait pas reçu d'engrais, a obtenu, dans une prairie essentiellement formée de ray-grass, sur 1000 parties de fourrage fané :

	Sans engrais.	Avec engrais.
Eau.	135 gr.	147 gr.
Matières organiques. . .	800	778
Substances minérales. .	65	75
Azote.	12	19,4

Ainsi, l'engrais peut donc avoir non-seulement pour effet d'augmenter le rendement d'une manière souvent très-considérable; mais il peut encore, dans certains cas, augmenter la qualité du fourrage.

Nous avons déjà fait observer, à l'occasion des pailles, qu'en mettant de côté le grain et l'épi, la feuille est la partie la plus riche en matière azotée; or, l'addition de l'engrais en forte proportion a généralement pour effet d'activer le développement des organes foliacés; il en résultera donc que, dans les espèces feuillues, la fumure aura pour double effet l'augmentation de la quantité et l'augmentation de la qualité du fourrage.

Le résultat n'eût pas été le même, il eût pu être diamétralement opposé, si l'engrais avait eu pour effet d'accroître la hauteur et le poids des tiges sans augmenter dans le même rapport le poids des feuilles.

Influence de l'époque et du nombre des coupes.

« En général, l'époque la plus avantageuse pour la coupe d'une prairie naturelle, dit M. Gasparin, est celle de la floraison du dactylis glomerata (dactyle pelotonné).

« Les autres plantes très-productives ne donnent encore, à cette époque, que leurs feuilles et à peine le bout de leurs tiges, mais elles montent bientôt après la coupe, et le regain est beaucoup mieux garni de festuca elatior, d'holcus lananus et de phleum pratense. Si l'on attend davantage, le retard épuise la plupart des espèces trop avancées, la seconde coupe est bien moins avantageuse, et, somme toute, le produit utile est *plus faible* ou au moins de qualité *inférieure*. »

Voici comment on peut se rendre compte de ce résultat :

Pour une même espèce de plantes, les proportions d'eau et de matières sèches qui la constituent varient suivant l'état de leur développement.

La proportion de matière sèche augmente et la proportion d'eau diminue à mesure que la plante arrive à une époque plus avancée de son développement.

La matière azotée contenue dans chaque kilogramme de fourrage sec diminue à mesure que la plante durcit, mais la somme totale de matière azotée contenue dans la récolte entière peut encore augmenter d'une manière sensible, tant que le poids du fourrage augmente.

Il arrive un moment où l'accroissement du poids de la matière sèche se ralentit considérablement, et où l'augmentation du poids de la matière azotée contenue dans la récolte entière devient presque insignifiante. Alors la racine ne fournit presque plus rien à la plante ; c'est le moment de couper.

Plus tard, les matières azotées et les phosphates se sont déplacés, se sont transportés en partie vers la région supérieure de la plante ; le fourrage est moins homogène et la racine de la plante a été inutilement fatiguée.

Un exemple suffira pour rendre plus frappante cette influence de l'époque des coupes sur la constitution et les qualités du foin des prairies naturelles.

Dans une série d'analyses faites sur du foin de la grande prairie de Caen, j'ai trouvé, par kilogramme de fourrage vert :

	Matière sèche.	Eau.
Coupe du 18 juin 1856. .	237^{gr} .	763^{gr}
Coupe du 2 juillet.. . .	281	719
Coupe du 1er août. . .	350	650

Les proportions d'azote contenues dans chaque kilogramme de ces mêmes foins, considérés soit à l'état vert, soit fanés à 20 % d'humidité, soit complétement privés d'humidité, ont été trouvées les suivantes :

	Foin vert.	Fané à 20 % d'humidité.	Complétement desséché.
Coupe du 18 juin.	3^{gr},4	11^{gr},6	14^{gr},5
Coupe du 2 juillet.	3, 7	11, 0	13, 8
Coupe du 1er août.	4, 5	10, 3	12, 9

Comme fourrage vert, le foin s'est enrichi, pris en masse, parce qu'il est de moins en moins aqueux ; mais comme fourrage complétement privé d'humidité, ou amené par le fanage à contenir, dans les trois cas, la même proportion d'humidité, il s'apauvrissait à mesure que son développement s'avançait.

M. de Gasparin, dans son excellent *Traité d'agriculture*, a cité des expériences faites dans le Midi pour rechercher l'influence du nombre des coupes sur la qualité et sur la quantité du foin récolté sur un même sol.

En faisant couper tous les mois, à dater du 1er mai, un pré qu'on arrosait à chaque coupe, on a obtenu les produits suivants rapportés à l'hectare :

4

	Poids du foin sec.	Azote contenu dans la récolte.
1er mai.	1033 kil.	20,k66
1er juin.	850	17, 00
1er juillet.	1007	20, 14
1er août.	1251	25, 02
1er septembre. . . .	1150	23, 00
1er octobre.	960	19, 20
Total. .	6251	125, 20

Une autre partie du même pré, coupée suivant les usages du pays, a donné par hectare :

	Poids du foin sec.	. Azote contenu dans la récolte.
1re coupe.	8000 kil.	136,k00
2e coupe..	4000	44, 80
3e coupe..	3000	31, 00
Total. . .	15000	211, 80

On a obtenu, par les coupes les plus répétées, un foin plus riche, mais beaucoup moins abondant, et, somme toute, le produit total en matières azotées assimilables se trouve également moindre dans le fourrage tendre obtenu par ces coupes répétées chaque mois, que par les coupes usuelles.

CHAPITRE III.

COMPOSITION BOTANIQUE RATIONNELLE DES PRAIRIES SUIVANT
LA NATURE DU SOL. — SOINS D'ENTRETIEN.

Lorsqu'on veut obtenir d'un sol donné à l'état de prairie naturelle ou permanente le produit le meilleur et le plus abondant que comportent la nature du fonds et le climat sous lequel il est placé, il ne faut pas abandonner au hasard le soin d'y apporter et d'y faire prospérer les diverses espèces de plantes qui doivent y végéter, parce qu'il pourrait se trouver parmi ces plantes des espèces mauvaises dont on a intérêt à prévenir ou à combattre les envahissements.

M. Dubreuil père donne les indications suivantes, applicables à la région du Nord et du Nord-Ouest de la France, pour la nature et les proportions des principales espèces les plus convenables, soit à cause de leurs qualités nutritives comme fourrage, soit à cause de l'abondance des produits qu'elles fournissent.

Prairies fraîches, irrigables ou submersibles temporairement.

Phleum pratense (*phléole des prés*), dans la proportion d'un quart.
Phleum nodosum (*phléole noueuse*), un huitième.
Alopecurus pratensis (*vulpin des prés*)', un huitième.
Poa pratensis (*paturin des prés*), un huitième.
Agrostis stolonifera (*agrostis traçante*, traînasse), un huitième.

Lotus corniculatus major (*grand lotier corniculé*), un huitième.

Trifolium aureum (*trèfle doré, petit trèfle jaune*), un huitième.

Quoique cette dernière plante soit annuelle, une fois établie dans une prairie de cette nature, elle s'y perpétue au moyen des graines qui se détachent de la partie inférieure de sa tige pendant la fenaison.

Prairies élevées qui ne sont ni irrigables ni sujettes aux inondations.

Holcus lanatus (*houlque laineuse*), un quart.
Dactylis glomerata (*dactyle pelotonné*), un huitième.
Lolium perenne (*ivraie vivace, ray-grass*), un huitième.
Poa trivialis (*paturin commun*), un huitième.
Medicago lupulina (*minette, lupuline*), un huitième.
Trifolium campestre (*trèfle champêtre*), un huitième.

Les quatre premières plantes constituent les hautes herbes, les deux dernières garnissent la base et constituent un bon pied d'herbe. Ces deux plantes sont annuelles ; mais, comme elles produisent des fleurs et des graines depuis la base de la tige jusqu'au sommet, les semences de la base sont mûres au moment de la coupe, et se répandent sur le sol pour se reproduire pendant l'exploitation de la prairie.

Enfin dans les prairies sèches consacrées au parcours des bestiaux.

Dactylis glomerata (*dactyle pelotonné*), un huitième.
Holcus lanatus (*houlque laineuse*), un huitième.
Phleum nodosum (*phléole noueuse*), un huitième.

Trifolium repens (*trèfle rampant, trèfle blanc*), un quart.

Trifolium frugiferum, un huitième.

Trifolium medium, un huitième.

Trifolium pratense (*trèfle des prés, trèfle rouge, tré-maine, pagnolée*), un huitième.

La dernière plante, ordinairement bisannuelle, dure beaucoup plus longtemps lorsque, souvent broutée par les animaux, elle fleurit rarement et ne fructifie jamais.

Lorsque les légumineuses viennent à faire défaut, on les y resème en septembre ou au commencement d'octobre avec un bon hersage.

On pourrait, dans chacune de ces catégories, ajouter les meilleures espèces parmi celles que nous avons déjà signalées précédemment.

Quelles que soient les espèces préférées ou motivées par les circonstances particulières dans lesquelle on se trouvera, une des préoccupations les plus importantes du cultivateur, le but vers lequel doivent tendre ses efforts, dans l'établissement ou l'amélioration des prairies permanentes, c'est de n'associer, autant que possible, que des espèces dont la maturité arrive à peu près à la même époque.

Ce soin est aplicable aux prairies pâturées tout aussi bien qu'aux prés fauchés pour être consommés en vert ou pour être fanés.

Il ne faut cependant pas perdre de vue non plus que si, en se basant exclusivement sur ce principe, on restreignait par trop le nombre des espèces, la prairie pourrait se détériorer ou présenter des variations désavantageuses dans son produit.

L'association d'un assez grand nombre d'espèces d'exigences diverses est un avantage dont nous avons déjà fait ressortir précédemment l'importance (page 48); cette association nombreuse est même une condition presque indispensable pour la conservation des prairies que l'on veut maintenir en bon rapport, parce que certaines espèces tendent, au moins pour un temps, à vieillir ou à disparaître, pendant que les autres viennent à prédominer jusqu'à ce qu'arrive aussi leur tour d'affaiblissement.

Lorsqu'on s'est arrêté à un bon choix de plantes appropriées au terrain qu'on possède et au climat sous lequel on se trouve, il importe de maintenir autant que possible, par des soins intelligents, ce bon état de choses.

Ces soins se réduisent à trois sortes d'entretien :

1° Prévenir, par un nivellement convenable, et au besoin par le drainage, la stagnation des eaux ;

2° Extirper les mauvaises plantes, chaque fois que le besoin s'en fait sentir, pour les empêcher de s'y trop multiplier ;

3° Restituer au fonds, par des irrigations, par des engrais ou par des amendements, tous les principes fertilisants que le sol perd, chaque année, même dans les herbages pâturés sur place.

A ces conditions une prairie bien située peut être maintenue presque indéfiniment dans son état normal de fertilité.

Pour ce qui concerne les soins d'entretien de la troisième espèce, le cultivateur intelligent trouvera sans peine les moyens les mieux appropriés aux ressources dont il dispose. Qu'il emploie des fumiers, des composts divers, avec ou sans mélange d'amendements calcaires [1], ou des engrais liquides d'une valeur et d'une

---

[1] Chaux, marnes, tangues etc

composition convenables, il importe peu, pourvu qu'il en mette assez et qu'il restitue au sol ce qu'il a perdu ; mais qu'il se rappelle toujours qu'une prairie qui n'est pas inondée, ni arrosée, ni amendée ni fumée ne tarde pas à dépérir, et qu'en pareil cas la parcimonie est un fort mauvais calcul.

CHAPITRE IV.

DIVERS MODES D'EXPLOITATION DES PRAIRIES. — DES CIRCON-STANCES QUI PEUVENT DÉTERMINER A FAIRE PATURER OU A FAIRE FAUCHER UN HERBAGE. — DÉPRÉCIATION QU'ÉPROUVE LE FOIN PENDANT LE FANAGE, LE BOTTELAGE, ETC. — DÉ-PRÉCIATION PAR LES GRANDES PLUIES.

L'exploitation des prairies peut se faire de plusieurs manières : ou par le pâturage, ou en les fauchant. Chacun de ces modes d'exploitation a ses avantages et ses inconvénients dont il importe de signaler les principaux.

Par le pâturage, le dépouillement de l'herbe se fait avec beaucoup moins de frais, et les animaux restituent, par leurs excréments, une partie plus ou moins grande des principes fertilisants du sol.

Dans les pays d'herbage, une longue expérience a depuis longtemps appris que cette restitution ne se fait pas dans la même proportion par tous les animaux et que, pour nous restreindre à la seule espèce bovine, les jeunes veaux d'élève et les vaches laitières épuisent plus le fonds que les animaux à l'engrais.

Nous allons essayer de discuter cette question avec les ressources que peut nous fournir l'analyse chimique.

Examinons d'abord le cas des jeunes veaux d'élève et voyons ce qu'ils ont pu prélever sur le fonds, malgré leurs restitutions de chaque jour, depuis l'âge de deux mois jusqu'à l'âge de trois ans.

Supposons un *veau* de deux mois du poids de 30 kilogrammes nourri exclusivement d'herbe dans une prairie jusqu'à l'âge de 3 ans, et supposons qu'il y ait acquis un poids de 400 kilogrammes ; la proportion de phosphates qui entre dans la composition de son organisme est d'environ 3 1/2 pour 100 de son poids ; pour un accroissement de 370 kilogrammes, ce sera donc environ 13 kilogrammes de phosphates prélevés au profit de l'animal, malgré ses restitutions quotidiennes et en admettant, ce qui n'a pas toujours lieu, *qu'il ne s'en est perdu aucune parcelle, et que toutes ses déjections ont été disséminées uniformément sur la prairie.*

La proportion d'azote combiné peut être évaluée approximativement à 2,7 pour 100 du poids de l'animal, ce sera donc environ 10 kilogrammes pour son accroissement total ; à cette perte il faudrait encore ajouter celle qui résulte de la destruction d'une quantité encore inconnue, mais certaine, de matière azotée pendant la combustion respiratoire, et si faible que soit chaque jour cette perte, elle finit par constituer, au bout de 3 ans, une somme qu'il n'est plus permis de négliger.

Chaque veau d'élève appauvrit donc en trois ans le fonds qui le nourrit d'environ 13 kilogrammes de phosphates, et d'un poids qui est probablement plus grand encore en azote combiné.

Supposons maintenant une *vache laitière* dont le poids ne changerait pas, et qui, par conséquent, ne donnerait d'autre produit que son lait, dont nous évaluerons la quantité à 3600 litres par an ; comme chaque litre de lait représente environ 8 grammes d'azote, les 3600 litres en représenteront donc 28 kil. 800 gr., soit, en nombres ronds, 29 kilogr. sans tenir compte de ce qui pourra être détruit par la combustion respiratoire.

La proportion de phosphates contenue dans le lait peut être évaluée à environ 3 grammes par litre ; ce qui constituerait, pour la totalité, une somme de 10 kil. 800 gr., ou près de 11 kilogrammes.

Enfin, voyons ce qui doit arriver dans le cas où le dépouillement de l'herbe est fait par des *bœufs à l'engrais :* supposons un animal parvenu à sa limite de croissance normale, et admettons qu'il augmente de 100 kilogrammes de poids vivant, pendant son engraissement ; comme la charpente osseuse de l'animal n'augmente pas d'une manière sensible pendant cet engraissement, le prélèvement en phosphates se réduit à celui qui se trouve dans l'accroissement du poids de la viande, et c'est probablement lui faire la part bien large que de l'évaluer à 1 kilogramme pour chaque bœuf.

Quant à l'azote, il résulte des recherches de MM. Lawes et Gilbert que les animaux gras en contiennent environ 2, 3 pour cent de leur poids, c'est-à-dire que, pour les 100 kil. d'accroissement, le bœuf en question n'aurait pas prélevé 2 kilogrammes 1/2 d'azote, non compris ce qu'il a pu détruire de matière azotée par la respiration.

Cette discussion nous conduit à reconnaître *qu'un fonds de prairie naturelle* PATURÉ *doit être beaucoup plus épuisé d'azote et de phosphates par des vaches laitières et des veaux d'élève que par des bœufs adultes à l'engrais.*

Il résulte donc de cette étude, qu'en laissant de côté tout ce qui concerne les qualités spéciales de tel ou tel fonds pour telle ou telle destination , nous voyons que les déductions de la science sont tout à fait d'accord avec les renseignements fournis par la pratique.

Nous n'ajoutons plus qu'une seule observation relativement à chacune de ces trois catégories d'animaux, c'est que, toutes choses égales d'ailleurs, l'animal qui tirera le meilleur produit de sa nourriture sera le plus épuisant ; le bœuf qui engraissera le plus vite, la vache qui, avec un poids donné de fourrage, produira le plus de lait, le veau qui mettra le moins de temps à atteindre la limite de sa croissance, prélèveront , par cela même, pour fournir le produit qu'on attend d'eux, une partie aliquote plus considérable qu'ils ne restitueront pas au sol sous forme d'excréments.

Lorsque l'exploitation d'une prairie s'en fait par le fauchage , si nous supposons que le foin contienne , à l'état normal 11 gr. 1/2 d'azote et 9 gr. 4 décigrammes de phosphates par kilogramme , et que le rendement annuel s'élève à 6000 kilogr., la récolte exercera un prélèvement d'azote de 69 kil., et celui des phosphates sera de 57 kil. 1/2 par hectare.

Si nous comparons ces prélèvements aux précédents, la différence est telle qu'elle ne peut tarder à se faire énergiquement sentir.

Des circonstances qui peuvent déterminer à faire pâturer ou à faire faucher un herbage. Sous un climat humide, nébuleux, où le fanage est lent, coûteux, difficile, et même fort incertain, l'on est tout naturellement conduit à faire pâturer, ou du moins à faire consommer en vert la plus grande partie des foins qu'on exploite.

Lorsqu'au contraire l'herbe pousse vigoureusement au printemps et se dessèche de bonne heure, le fauchage en est tout naturellement indiqué, ou du moins il est possible et facile de faner la récolte. Dans ces conditions, le cultivateur a le choix et peut se laisser guider par les circonstances pour prendre une détermination à cet égard.

Seulement, quel que soit le parti auquel on s'arrêtera, il ne faut pas perdre de vue que le rendement au pâturage est nécessairement moindre que par l'exploitation ordinaire, parce que l'on doit commencer le dépouillement avant que l'herbe ait acquis tout son développement, et parce que les animaux, surtout lorsqu'ils sont en liberté, ne consomment pas tout, et gaspillent une partie plus ou moins considérable du foin qu'ils ont foulé aux pieds ou sali par leurs excréments.

L'on évalue aux deux tiers à peu près du rendement ordinaire en foin, la quantité d'herbe consommée au pâturage; mais le produit consommé est de meilleure qualité, puisque nous avons reconnu que la proportion d'azote contenue dans 100 kil. de foin sec coupé tendre, est notablement plus grande que celle que contiennent 100 kilog. de foin sec fauché à maturité.

Si nous nous rappelons l'influence du nombre des coupes (voir précédemment page 62), nous reconnaîtrons que, somme toute, même lorsqu'on ferait abstraction des restitutions faites sur place par les animaux, le prélèvement total fait sur le sol par la multiplicité de ces coupes serait moindre que dans le cas d'une exploitation par fauchage.

L'ensemble de toutes ces considérations nous explique suffisamment la sévérité des clauses imposées par les propriétaires d'herbages à leurs fermiers, à qui ils défendent de faucher autre chose que les refus, ou du moins une très-minime fraction de l'herbage, et à qui ils interdisent ou limitent la faculté d'y mettre des animaux d'élève ou des vaches laitières.

Il nous serait difficile de discuter ici l'opinion répandue dans certains cantons de la Suisse et dans quelques parties de l'Angleterre, que le même espace pâturé fournit plus de substance alimentaire que s'il est fauché ; il importerait de savoir si, dans les expériences comparatives qui ont pu être faites à ce sujet, le foin sec était consommé en entier, ou s'il y avait des refus plus ou moins abondants.

Le mode d'exploitation des prairies naturelles exerce une influence dont il importe de tenir compte, sur leur constitution botanique, sur la nature et sur les proportions des espèces de plantes qui se conservent naturellement.

Dans une prairie soumise au pâturage toute l'année, les plantes qui tendent à prédominer sont les plantes à racines vivaces et traçantes, à condition toutefois qu'on la sarclera et qu'on l'échardonnera soigneusement ; si on l'abandonne à elle-même, on la verra bientôt envahie par les herbes qui sont habituellement refusées par les animaux.

Dans une prairie fauchée, comme on attend habituellement que la plus grande partie des plantes qui la composent soient en fleurs, il arrive que d'autres sont déjà défleuries depuis un temps suffisant pour qu'une partie de leurs graines soient mûres ; il en résulte que les plantes les plus précoces doivent tendre à dominer, à moins que les espèces tardives ne soient en même temps les plus vivaces.

Si donc nous supposons un herbage parfaitement homogène, qu'on le partage en deux parties dont l'une serait soumise au pâturage et l'autre coupée à la faux ;

au bout d'une dizaine d'années il serait facile de constater des différences très-marquées dans la nature et dans la proportion des plantes qui composeraient chacune des deux parties.

Ainsi, pour nous résumer, la composition botanique d'une prairie artificielle dépend de la nature du sol, du climat, des soins que l'on apporte à son entretien, et du mode d'exploitation auquel elle est soumise, et cela, quelles que soient la nature et les proportions des graines employées originairement pour son ensemencement.

Nous pourrions encore discuter la question de savoir s'il est plus avantageux de faire pâturer sur place que de faire consommer le fourrage à l'étable, soit en vert, soit en sec, suivant la saison ; selon Mathieu de Dombasle, lorsqu'on exploite simultanément des herbages et des terres en labour, la nourriture à l'étable est plus avantageuse que le pâturage ; théoriquement nous pourrions lui donner raison, même d'une manière plus générale ; mais en pratique il serait nécessaire, pour établir une comparaison suffisamment rigoureuse, de faire intervenir une foule de considérations et de circonstances particulières ou locales qui compliqueraient beaucoup la question.

Les données actuelles de la science permetteront facilement aujourd'hui aux praticiens habiles et intelligents de choisir le système qui leur sera le plus profitable dans les conditions où ils se trouveront.

Nous terminerons par quelques considérations sur la conservation du foin récolté.

Lorque le foin est consommé en vert et coupé chaque jour au fur et à mesure des besoins, tout ce qu'il renferme de principes assimilables peut être utilisé ; mais

il n'en est pas toujours de même lorsque le foin est fané
pour être consommé plus tard. On est alors exposé à
plusieurs causes de dépréciation ; nous en signalerons
seulement les deux principales :

Pendant le fanage et le bottelage, le froissement réi-
téré, surtout lorsque le temps est bien sec, occasionne
la chute d'une partie des fleurs et des feuilles, et ce sont
plus particulièrement les plantes de la famille des légumineuses, les plus riches en principes azotés, qui
éprouvent la plus forte perte ; or j'ai montré, il y a cinq
ans [1], que les feuilles et les fleurs constituent, à poids
égal, la partie la plus riche des fourrages ; il en résulte
que cette perte est une cause d'affaiblissement réel de
la qualité du fourrage.

Lorsque le foin est fané, on a l'habitude de le mettre
et de le laisser en meules pendant quelque temps pour
lui faire éprouver une légère fermentation qui en ré-
gularise l'arome et bonifie les parties les moins appé-
tissantes ; or, souvent il arrive que le dessus de ces
meules est mouillé par les pluies et plus ou moins lavé ;
sous l'influence de cette action de la pluie, combinée
avec celle du soleil, *lors même que le foin n'éprouve aucune fermentation putride sensible*, il perd de sa valeur
marchande, et comme substance alimentaire sa valeur
a sensiblement diminué.

En faisant, l'année dernière, l'analyse d'un échantillon de foin de la prairie de Caen, pris à la surface de plusieurs meules, et blanchi sous l'influence
des pluies et du soleil, et celle d'un autre échantillon du même foin pris à l'intérieur des mêmes
meules :

---

[1] *Recherches sur les Fourrages.*

J'ai trouvé dans le 1er. 12gr, 6 d'azote par kilog. de
foin *sec.* et 14gr, 0 par kilog. du second,
et cependant l'année 1858 est une année remarquable-
ment sèche. Que fût-il arrivé dans une année très-plu-
vieuse?

Pour pousser jusqu'à ses dernières limites cette dépréciation du foin sous l'influence de l'eau, j'en ai épuisé
un échantillon contenant 17gr, 4 d'azote par kilogr. à
l'état *sec* jusqu'à ce que l'eau passât tout à fait claire,
la richesse en azote est descendue à 13gr, 9.

Le foin avait donc perdu ainsi environ 20 pour 100
de l'azote qu'il contenait primitivement; l'analyse a
montré qu'il avait perdu en même temps les trois quarts
de ses phosphates; nous ajouterons encore que le foin,
par ce lavage, avait en outre perdu environ 20 pour 100
de son poids primitif, en sorte que la perte totale représentait plus que le tiers de la valeur primitive du foin.

Enfin, nous résumerons ces deux causes de perte en
disant qu'elles sont d'autant plus grandes que le foin
lui-même est de meilleure qualité.

Quel que soit le mode d'exploitation adopté, le prix
du foin, consommé d'une manière quelconque ou vendu
sur le marché, peut être déterminé avec une approxi-
mation d'autant plus grande, que l'observateur sera
plus habile et plus intelligent.

Le prix que l'on en tire en viande, en laine ou en
lait dépend d'une foule de circonstances locales qui
font que chaque pays trouve des avantages dans des
pratiques qui, ailleurs, seraient moins avantageuses, ou
même ne le seraient pas du tout.

D'après M. Moll, la moyenne du prix des foins, en
Europe, peut être évaluée à 5 fr. 25 les 100 kilogrammes.

DEUXIÈME CLASSE.

PRAIRIES TEMPORAIRES.

Les prairies permanentes sont sans contredit la base la plus assurée d'une agriculture facile. Elles exigent peu de main-d'œuvre, et laissent, par cela même, plus de bras et de ressources disponibles pour l'amélioration et le perfectionnement des cultures auxquelles sont consacrées les terres arables. Les variations dans le produit de leurs récoltes sont, en outre, moins sensibles que dans celui des autres cultures fourragères.

Mais toute terre n'est pas propre à l'établissement d'une prairie permanente ou naturelle ; l'existence des prairies de cette nature est subordonnée à un ensemble de conditions de sol, de climat, d'humidité, etc., que l'on ne rencontre pas toujours, et leur établissement n'est assuré qu'en surmontant d'assez nombreuses difficultés qu'il n'est pas toujours possible de vaincre, d'une manière réellement avantageuse du moins.

Heureusement, sur ces mêmes terres que leur nature ou le climat rendent peu propres à l'établissement des prairies permanentes, peuvent végéter avec succès certaines plantes qui, pendant leur durée limitée, produisent un fourrage sain et abondant, dont la valeur nutritive est généralement supérieure à celle du foin des prairies naturelles. Ces plantes constituent les *prairies temporaires*.

Les plantes qui concourent à former les prairies temporaires présentent des dispositions différentes dans leurs racines, d'où résultent pour elles des pouvoirs d'assimilation différents qui s'exercent sur les principes fertilisants du sol.

Celles dont les racines vont puiser leur nourriture à une grande profondeur, hors de la région où vivent habituellement les récoltes usuelles, et ramènent à la surface, par leurs grosses racines et par leurs divers débris, les principes fertilisants dispersés au-dessous de la couche arable, constituent le *groupe améliorant*, parce qu'au lieu de laisser la terre épuisée après leur destruction, elles la laissent au contraire dans un état de plus grande fertilité.

Celles dont les racines, occupant la couche supérieure du sol où vivent les céréales, y prélèvent une partie des engrais destinés à ces dernières, et laissent après elles le sol amaigri, appauvri, et en quelque sorte épuisé, constituent le *groupe épuisant*.

Parmi les premières on trouve :

La luzerne,
Le sainfoin,
Le trèfle rouge ordinaire,
L'ajonc (ou lande), etc.

Dans le groupe épuisant viennent se placer :

L'ivraie vivace et l'ivraie d'Italie,
Le seigle fourrage, les vesces, les pois, etc.
Le moha, le maïs, et le sorgho.

Les soins qu'exige le premier établissement des prairies temporaires, et les chances diverses que présente leur bonne réussite, conduisent à chercher les moyens d'en prolonger la durée le plus possible, d'autant plus qu'elles ne peuvent revenir qu'au bout d'un certain temps sur le même terrain.

A l'époque de leur apparition, les esprits timorés annonçaient que l'extension des prairies temporaires serait une cause de diminution du produit des céréales, et l'expérience est venue démontrer le contraire. Les céréales ont donné des produits plus abondants, et en outre le bétail, qui était presque partout alors dans une condition misérable, réduit presque à l'état de machine à fumier, est devenu plus abondant ; il a donné plus d'engrais et de meilleurs engrais ; son entretien est devenu plus lucratif.

De l'époque de l'introduction ou plutôt de l'extension des cultures de ces plantes fourragères datent, pour l'agriculture, une ère nouvelle et des progrès plus rapides et plus importants.

PREMIER GROUPE.

PLANTES FOURRAGÈRES AMÉLIORANTES.

CHAPITRE PREMIER.

LUZERNE.—*Herba medica.—Medicago sativa.*

Cette excellente plante fourragère, apportée de *Médie* en Grèce, puis de Grèce en Italie, a été considérée de tous temps [1], et avec raison, comme la base des meilleures prairies artificielles, partout où elle peut prospérer.

La luzerne se plaît surtout dans les terrains d'allu-

---

[1] *Eximia est herba medica*, disait, il y a près de deux mille ans, Columelle, liv. II, chap. II.

vion limoneux, argilo-calcaires, argilo-siliceux ou calcaréo-siliceux, où elle peut trouver une humidité suffisante mais sans excès, car elle ne peut prospérer que dans les terres saines ; dès que ses racines parviennent dans des couches où l'eau abonde, la luzerne cesse de croître et dépérit rapidement ; aussi le drainage a-t-il permis de se livrer avec succès à l'établissement des luzernières dans des terres où, avant cette importante amélioration, la culture de la luzerne était impossible.

C'est dans la partie méridionale de la France surtout, que la luzerne donne les résultats les plus avantageux, tandis que le trèfle réussit mieux dans le nord, et le sainfoin dans les régions moyennes intermédiaires.

La luzerne, dans les terrains qui lui conviennent, donne trois à quatre bonnes coupes ; dans les terrains trop secs et dans les pays tirant sur le nord, ces coupes sont moins abondantes et la masse de fourrage qu'elles produisent peut être alors moins considérable que celle qui résulte des deux coupes que donne le trèfle.

On la fauche chaque fois qu'elle est en fleurs, excepté la dernière coupe, qu'on avance à cause de l'approche des gelées.

Le nombre des coupes dépend surtout de la température locale, et sa végétation commence à devenir active au-dessus de 8° ; dans le midi de la France, en arrosant après chaque coupe on peut faire au moins cinq coupes et récolter de 10 à 15 000 kilogrammes de fourrage sec par hectare. Dans les environs de Paris, l'on obtient ordinairement trois coupes représentant environ 5 à 10 000 kilogrammes de fourrage sec.

C'est habituellement à deux ou trois ans que la luzerne donne son maximum de rendement.

La luzerne se plaît surtout dans un sol profond où ses racines puissent pénétrer ; M. de Gasparin a souvent vu des racines de luzerne de quatre mètres de longueur, et il en existe une, au musée de Berne, d'une longueur de *seize mètres*.

Cette longueur des racines de la luzerne et le poids qu'elles acquièrent nous donnent, en grande partie, le secret des avantages de sa culture pour le sol qui l'a portée. En effet, nous avons déjà dit, et nous ne saurions trop le répéter, qu'une partie des matières fertilisantes déposées dans la couche supérieure d'un champ pénètre peu à peu à des profondeurs d'autant plus grandes que le sol est plus perméable. J'ai cité, à cette occasion, les résultats d'une analyse comparative dans laquelle on a trouvé qu'à une profondeur comprise entre vingt et quarante centimètres, le sol peut encore contenir les deux tiers des matières azotées que l'on trouve dans les vingt premiers centimètres qui constituent la couche superficielle remuée par les labours ; c'est aux dépens de ces principes fertilisants souterrains que vit surtout la luzerne, et, lorsqu'après quelques années on vient à la détruire, on trouve, dans la couche supérieure du sol, une masse de racines qui, desséchées spontanément à l'air, peut aller jusqu'à plus de 37 000 kilogrammes dans les bonnes luzernières du midi ; et comme, suivant M. de Gasparin, chaque kilogramme de ces racines contient 8 grammes d'azote à l'état de combinaison, cette masse de racines fournit immédiatement à la couche arable 296 kilogrammes d'azote, c'est-à dire l'équivalent d'une forte fumure.

Lorsqu'on s'avance vers le nord, où la luzerne donne de moins beaux résultats, cette masse de racines est moins considérable ; ainsi M. G. *Heuzé* n'en a trouvé que 20 000 kilogrammes à Grignon ; seulement elles étaient plus riches en principes azotés ; elles contenaient, par kilogramme, 11^{gr},1 d'azote en combinaison, soit 222 kilogrammes par hectare, résultat presque aussi considérable que le précédent. La moyenne des deux nombres représenterait 259 kilogrammes.

Mais ce n'est pas encore là tout ce que fournit à la couche arable du sol qui la porte, une bonne luzerne ; pendant le fanage de chaque récolte et pendant le bottelage, il se détache beaucoup de feuilles, et ce sont les plus tendres, beaucoup de sommités de jeunes rameaux ; suivant M. de Gasparin, on peut évaluer cette perte à 10 % environ du poids du fourrage récolté ; si nous admettons une récolte moyenne annuelle de 10 000 kilogrammes et une durée de cinq ans seulement pour la luzerne, cette perte, dont le sol a profité, s'élèvera à environ 5 000 kilogrammes de *débris*.

Ces débris foliacés sont beaucoup plus azotés que le reste du fourrage, et dans une analyse de débris analogues obtenus par une opération faite en petit, j'ai trouvé[1], par kilogramme, 32^{gr},4 d'azote ; les 5 000 kilogrammes de débris foliacés représenteraient donc 162 kilogrammes d'azote.

Récapitulons maintenant les proportions d'azote contenues dans les divers produits de la luzerne, pour les cinq années de durée que nous lui avons supposée :

---

[1] *Recherches sur les fourrages,* page 66.

6.

Cinq fois 10 000 kilogrammes de fourrage ou 50 000 kilogrammes à 20^{gr},1 par kilogramme. . . . . 1 005 kil. *Azote.*

5 000 kilogrammes de débris. . . . 162

Dans les racines. 259

Total. . . . 1 426 kil.

En admettant que la récolte dans laquelle avait été semée la luzerne eût reçu 50 000 kilogrammes de fumier, dont elle a dû nécessairement prélever une partie, comme cette fumure ne représente pas plus de 300 kilogrammes d'azote, il en résulte que la luzerne a dû trouver ailleurs l'énorme proportion de matière azotée qu'elle renferme. Beaucoup d'agronomes ont pensé que la luzerne et les plantes de cette nature vivaient aux dépens de l'atmosphère, ce qui les rendait moins épuisantes pour le sol.

Nous avons déjà dit que, dans l'état actuel de la science, on ne peut guère évaluer à plus de 27 ou 28 kilogrammes le contingent annuel d'azote assimilable fourni par les météores atmosphériques, pluies, rosées, brouillards, etc. Cette source de matières azotées serait insuffisante pour expliquer les résultats de la culture de la luzerne, et d'ailleurs elle agit à peu près de la même manière sur les récoltes épuisantes comme celles des céréales [1]. De là cette conséquence inévitable, que la luzerne doit s'assimiler les matières azotées enfouies ou entraînées dans les profondeurs du sol.

---

[1] Des recherches intéressantes ont été entreprises par M. Ville, avec une louable persévérance, pour reconnaître si l'azote libre de l'air peut être assimilé directement par les plantes; mais, dans l'état actuel de la science, la question est encore indécise et contestée.

Un fait pratique bien constaté paraît venir à l'appui de cette opinion, c'est qu'en général, même avec des soins et une bonne culture, la luzerne exige, avant de pouvoir revenir avec avantage sur le même sol, qu'il se soit écoulé un certain nombre d'années, variable avec le climat, la nature et la richesse du sol ; comme si les couches profondes, épuisées par cette végétation vigoureuse, avaient besoin de quelques années de repos pour s'enrichir de nouveau peu à peu aux dépens des couches supérieures auxquelles la luzerne avait porté, par l'intermédiaire de ses racines et de ses débris foliacés, une partie considérable de leurs principes fertilisants.

Les nombres que nous citions tout à l'heure montrent que cet apport des racines et des débris foliacés de la luzerne doit s'élever à environ 421 kilogrammes par hectare ; on comprend dès lors, que la luzerne, au lieu d'appauvrir la couche arable, doit, au contraire, l'enrichir d'une manière considérable, et l'expérience l'a confirmé depuis longtemps, par la manière dont réussissent les récoltes que l'on peut prendre après la luzerne, sans nouvelle addition d'engrais.

Si l'on tient compte des frais que nécessitent les cultures annuelles ordinaires, que l'on compare leurs produits et ceux d'une bonne luzernière, et qu'enfin l'on se rende compte de la situation du sol après ces diverses récoltes, on sera convaincu que l'on ne saurait trop faire de prairies artificielles de cette nature dans les terres où elles réussissent bien.

Les produits de la luzerne sont augmentés d'une manière sensible par l'emploi du plâtre, des cendres de tourbe ou de houille, des cendres pyriteuses, et par l'emploi de la marne dans les terrains peu riches en calcaires ; l'emploi des engrais liquides donne également de bons résultats.

Le fourrage que l'on obtient de la luzerne varie dans sa composition, et, par suite, dans sa qualité, suivant son état de maturité : ainsi, j'ai trouvé que la luzerne coupée en pleine fleur, *complétement privée d'eau* [1], contient par kilogramme. 20gr.,8

Coupée à l'apparition des premières fleurs. 29,7

Coupée avant la fleur. 30,0

Regain tardif un peu dur, non fleuri. . 30,0

Regain très-tendre. 40,2

Sommités de jeunes rameaux. 42,2

Feuilles. 34,3

Tiges dépouillées de leurs feuilles . . . 14,4

Par le fanage ordinaire, la luzerne perd moyennement 73 pour 100 d'eau, sans compter les feuilles qui se détachent ainsi que les petits débris de rameaux.

En partant de cette base, il est facile de calculer le poids du fourrage vert qui correspond à une récolte

[1] Les fourrages fanés contiennent encore une proportion d'eau qui varie depuis 13 jusqu'à 20 pour 100 de leur poids ; pour obtenir la proportion d'azote contenue dans le fourrage fané, connaissant la quantité d'humidité qu'il retire encore, il suffira de multiplier le nombre obtenu pour la matière complétement sèche par 100, diminué du nombre qui exprime en centièmes l'humidité du fourrage simplement fané, et de diviser le résultat par 100. Supposons, par exemple, qu'un échantillon de luzerne fanée, coupée en pleine fleur, dans laquelle on trouve à l'état de complète siccité 20gr.,8 d'azote, contienne encore 20 pour 100 d'eau : sa richesse en azote sera représentée par $\frac{20^{gr},8 \times (100-20)}{100}$ ce qui donne, tout calcul fait, 16gr.,64 par kilogramme. On comprendra facilement, par cet exemple, la marche à suivre dans les cas analogues.

donnée de fourrage fané ; à chaque quintal de fourrage fané correspondraient 370 kilogrammes de matière verte.

Ce calcul n'est qu'approximatif, attendu que les résultats varient sensiblement suivant la hauteur de la plante, et surtout suivant son état plus ou moins avancé de maturité. Nous avons en effet trouvé, dans la luzerne en pleine fleur, jusqu'à 31 pour 100 de matière sèche, qui correspondraient à 36 ou 38 pour 100 de fourrage fané ordinaire.

Nous devons faire, au sujet de la récolte de la luzerne, une observation analogue à celle que nous avons faite en parlant du foin de prairie naturelle ; une longue exposition aux pluies pendant la fenaison peut faire perdre au foin de luzerne une partie assez considérable de ses principes nutritifs, lors même que l'avarie apparente n'aurait pas été jusqu'à une fermentation de mauvaise nature.

En opérant sur de la luzerne très-avancée, fournissant jusqu'à 36 pour 100 par le fanage, on peut lui faire perdre 27 pour 100 de son poids de matières solubles dans l'eau, et près de 30 pour 100 de sa valeur.

La luzerne se sème ordinairement dans les récoltes de printemps, avoine, orge, blé de mars; les blés d'hiver, outre qu'ils lui fourniraient un abri trop serré, pourraient encore la faire souffrir par la verse à laquelle ils sont plus exposés.

Il ne saurait entrer dans notre plan d'exposer tous les détails relatifs au semis des luzernières ; nous nous bornerons également à citer ses principaux ennemis, qui sont, parmi les végétaux parasites, la cuscute et le rhizoctome ; et, parmi les insectes, le colapsis atra, les cercops écumeux et l'eumolpe obscur.

Enfin, nous pouvons résumer ainsi les principaux avantages de la culture de la luzerne, partout où elle peut prospérer :

1° Sa longue durée ;

2° L'abondance de son produit ;

3° Elle apporte à la couche arable du sol sur lequel elle a végété une quantité considérable de principes fertilisants, qui le met en état de produire plusieurs abondantes récoltes sans nouvelle addition d'engrais.

CHAPITRE II.

SAINFOIN (*Onobrychis sativa* ou HEDYSARUM ONOBRYCHIS DES DES BOTANISTES).

A côté de la luzerne vient tout naturellement se placer le *sainfoin*, connu dans quelques départements sous le nom d'*esparcette*.

Sous l'influence de cette excellente plante fourragère, dont l'introduction dans certaines contrées a opéré une véritable révolution agricole, bien des terres calcaires, maigres jadis, impropres à la culture des céréales, ont considérablement augmenté de valeur, et il est arrivé plus d'une fois que ces sortes de terrains ont donné, en une seule année de récolte de sainfoin, un produit d'une valeur supérieure à celle du fonds.

C'est surtout à l'extension de ce précieux fourrage que sont dues les grandes améliorations agricoles réalisées depuis un demi-siècle dans la Champagne et dans les parties les moins fertiles de la Beauce.

Le sainfoin est, par excellence, la plante fourragère des terrains calcaires ; il ne s'accommode pas de terres argileuses, froides ou tourbeuses. Ses produits sont d'autant plus abondants que le sol est plus fertile, plus profond, et mieux nettoyé de mauvaises herbes, et surtout de chiendent.

Il peut s'élever jusqu'à la hauteur de 75 centimètres dans les terres qui lui conviennent le mieux.

Il commence à végéter lorsque la température de l'atmosphère s'élève à 8 ou 10 degrés centigrades, et résiste mieux à la sécheresse que la plupart des autres plantes fourragères de la famille des légumineuses.

On connaît deux variétés principales de sainfoin : l'une, très-répandue en Picardie et dans certaines parties de la Normandie, donne chaque année deux coupes de fourrage fleuri, et, vers la fin de septembre ou dans le courant d'octobre, un regain très-feuillu et très-nutritif ; la seconde coupe est ordinairement porte-graine. Cette variété de sainfoin est connue dans la plaine de Caen sous le nom de *grande graine*, et dans les environs de Paris, sous le nom de *sainfoin à deux coupes*. Elle demande, pour ne pas dégénérer, un sol riche et profond.

La seconde variété, plus commune, plus répandue, est plus rustique. Si elle ne donne pas d'aussi abondantes récoltes (elle ne produit qu'une seule coupe de fourrage fleuri et un regain qui ne monte pas), en revanche, le fourrage en est plus estimé. On appelle quelquefois cette dernière variété *sainfoin de montagne*. Dans la plaine de Caen, on la connaît sous le nom de *petite graine*, graine de la petite espèce.

Le produit moyen de la variété à une coupe peut être évalué à 4 000 kilogrammes de fourrage sec par hectare , suivant M. Nadault de Buffon. Suivant M. G. Heuzé, le produit en fourrage fané est ordinairement compris entre 4 et 6 000 kilogrammes.

Dans la plaine de Caen, un rendement de 8 à 9 000 kilogrammes est assez commun pour la grande variété à deux coupes, et, dans ce rendement, le regain entre pour 900 à 1000 kilogrammes.

Le sainfoin peut durer, dans les terres qui lui conviennent, jusqu'à cinq et six ans ; mais la limite la plus rationnelle est l'âge de trois ans. Conservé plus longtemps, il est bientôt envahi par les mauvaises herbes et surtout par le petit chiendent, particulièrement dans les terres un peu siliceuses. M. de Gasparin en a conservé jusqu'à sept ans qui donnait encore des produits satisfaisants ; mais c'est une exception fort rare, et l'époque fatale est celle de l'invasion des mauvaises herbes ; ses produits diminuent alors d'une manière rapide, et il se dégarnit beaucoup.

L'époque de son maximum de produit est la seconde année de récolte.

Le sainfoin est souvent envahi par les brômes, dont on prévient la trop grande multiplication en avançant de quelques jours la coupe du fourrage, pour éviter la maturité des graines de ces plantes envahissantes.

Lorsqu'un sainfoin a très-bien réussi, il offre, comme les autres prairies temporaires d'une certaine durée, un grand avantage sur les fourrages annuels, au point de vue des frais et du produit net. Ces derniers ne doivent être que des suppléments utiles, préparés en cas d'incomplète réussite des plantes fourragères plus durables, qui doivent toujours former la base de l'affouragement d'une exploitation sagement dirigée.

Le sainfoin, soit en vert, soit en sec, est un des

meilleurs fourrages que l'on connaisse ; c'est sans doute
ce qui lui a valu son nom de *sainfoin*. Consommé en
vert, il ne paraît pas avoir jamais donné lieu aux acci-
dents de météorisation que l'on reproche souvent à la
luzerne, et surtout au trèfle rouge ordinaire.

Sa valeur nutritive dépend, toutes choses égales
d'ailleurs, de l'époque de sa coupe soit comme fourrage
vert, soit comme fourrage fané. Ainsi j'ai trouvé, en
analysant, à diverses époques, différents échantillons
de sainfoin de la grande variété, provenant d'un même
champ aussi régulier que possible, les résultats suivants :

Sainfoin d'environ 23 centimètres de hauteur commençant à montrer quelques boutons :

    Matière sèche par kilogramme. . 181 grammes.
    Azote à l'état vert. 6,5
Azote dans le fourrage *complétement*
privé d'eau 35,7

Sainfoin *commençant* à fleurir (hauteur 55 centimètres) :

    Matière sèche par kilogramme. . 220 grammes.
    Azote à l'état vert. 5,5
Azote dans le fourrage complétement
privé d'eau 25,2

Sainfoin en pleine fleur (hauteur 63 centimètres) :

    Matière sèche par kilogramme. . 223 grammes.
    Azote à l'état vert. 5,3
Azote dans le fourrage complétement
privé d'eau 23,8

Lorsqu'on examine les diverses parties du sainfoin,
l'analyse chimique montre qu'elles doivent avoir des
qualités très-différentes comme substances alimentai-

res ; ce que l'expérience pratique paraît avoir suffisamment justifié.

En opérant séparément sur les *fleurs*, sur les *feuilles*,
sur la *partie supérieure de la tige* et sur la *partie inférieure* de cette dernière, j'ai obtenu des résultats qui
peuvent se résumer ainsi, en nous bornant à la richesse en azote rapportée à un kilogramme de substance :

	Sainfoin de la petite variété.	Sainfoin de la grande variété.	Même variété.
		1re coupe.	2e coupe [1].
Fleurs.	34,6 .	. 37,3 .	»
Feuilles.	34,0 .	. 29,9 .	31,8
1/3 supérieur des tiges.	18,7 .	. 17,6 .	16,1
2/3 inférieurs des tiges.	12,6 .	. 15,6 .	13,6
FLEURAIN.	31,8 .	. 32,8 .	35,5

Ce que nous désignons ici sous le nom de *fleurain* se
compose des débris divers, feuilles, fleurs, etc., qui se
détachent, soit pendant le fanage, soit pendant le bottelage. Il est reconnu depuis longtemps, dit M. de
Gasparin, que ces débris foliacés constituent un fourrage exceptionnel.

Comme la luzerne, le sainfoin peut perdre, pendant
sa dessiccation et son bottelage, une quantité assez
considérable de ces débris qui tombent sur le sol en
proportions d'autant plus grandes, que les manipulations sont plus multipliées et le temps plus sec ; nous y
reviendrons dans un instant.

---

[1] Cette seconde coupe avait été fauchée portant graine, puis
égrenée.

La lenteur du fanage peut être encore une source d'affaiblissement dans la valeur des fourrages , lors même que les pluies n'interviendraient pas. En effet, il s'établit assez vite , dans les fourrages verts, une fermentation dont les résultats ne sont même pas toujours appréciables à l'œil le plus exercé, et qui n'en sont pas moins réels, susceptibles d'être constatés par l'analyse.

En soumettant comparativement à une dessiccation rapide et à une dessiccation lente deux échantillons semblables d'un même sainfoin, et en examinant la partie la plus tendre , composée des feuilles et des sommités des tiges, j'ai trouvé que la richesse en azote était descendue, dans un premier essai, de 47 grammes à 45 grammes ; dans un second essai, fait sur un autre échantillon , cette richesse était descendue de 45 à 42 grammes, soit en moyenne d'environ 5 pour 100, et cependant l'œil le plus exercé n'aurait pu constater la moindre différence. Ajoutons encore que ces essais ont été faits sur des échantillons peu volumineux, et que l'affaiblissement serait indubitablement plus grand, si l'on opérait sur des masses plus considérables.

Plaçons-nous maintenant dans les bonnes conditions ordinaires de récolte, et supposons qu'un sainfoin de la grande variété à deux coupes soit resté trois années en terre, et qu'il ait été rompu la troisième année, immédiatement après la seconde coupe , c'est-à-dire vers la fin d'août ; supposons, en outre, que les rendements aient été les suivants , estimés en fourrages complétement privés d'humidité [1] :

[1] On remonterait facilement de ces données aux rendements en fourrage fané, en se rappelant que ce dernier contient environ 18 à 20 pour 100 d'humidité.

		1re coupe. . . .	4400 kilog.	
1re Année.		2e coupe. . . .	925	
		graine.		402
		regain.	820	
		1re coupe. . . .	5250	
2e Année.		2e coupe. . . .	900	
		graine.		587
		regain.	750	
		1re coupe. . . .	3945	
3e Année.		2e coupe. . . .	720	
		graine.		322
			17760	1311

En tout 17 760 kilogrammes de fourrage et 1 311 kilogrammes de graine.

L'analyse du fourrage y indique, pour les trois années de récolte, plus de 384 kilogrammes d'azote et au moins 245 kilogrammes de phosphates. Par l'analyse de la graine, on y trouve 47 kilogrammes d'azote et plus de 28 kilogrammes de phosphates. En d'autres termes, on a enlevé, par les trois années de récolte, à chaque hectare de terre cultivée en sainfoin, plus de 430 kilogrammes d'azote et plus de 273 kilogrammes de phosphates, c'est-à-dire plus d'azote qu'on n'en trouve dans six récoltes de froment (paille et grain), et presque autant de phosphates qu'on en trouve dans cinq récoltes de blé ; et cependant, après tous ces prélèvements énormes, la terre se trouve plus fertile qu'avant la culture du sainfoin, pour les céréales du moins ; la première récolte de blé qu'on y fait est plus vigoureuse et plus abondante que celle que l'on obtiendrait sous l'influence d'une très-forte fumure. Ici comme avec la luzerne, la culture du sainfoin a produit, sur la couche superficielle du sol, une amélioration considérable, et par des causes tout à fait semblables.

Le sainfoin a des racines qui pénètrent souvent jusqu'à deux mètres de profondeur, et s'étendent quelquefois très-loin dans les interstices des roches calcaires.

Lorsqu'on détruit un bon sainfoin, l'on trouve dans la couche supérieure du sol une masse considérable de racines, d'autant plus considérable que le sainfoin était meilleur.

M. Heuzé a trouvé, dans des terres peu fertiles, pour le poids de ces racines, 10 000 kilogrammes. Il en a trouvé 15 000 kilogrammes dans des terres meilleures produisant 18 hectolitres de froment; il est rationnel de porter, par analogie, à 18 000 kilogrammes au moins le poids de ces racines, dans nos bonnes terres dé la plaine de Caen, où le sainfoin atteint souvent 70 à 75 centimètres de hauteur, et donne des rendements plus considérables que dans les terres dont il était précédemment question.

D'après les analyses de M. *Lecorbeiller*, citées par M. *G. Heuzé*, dans son excellent *Traité des plantes fourragères*, ces racines, prises à l'état ordinaire, contiennent 10^{gr},4 d'azote par kilogramme ; elles en contiennent 30 grammes lorsqu'elles sont complétement privées d'humidité.

En admettant pour nos bonnes terres, comme nous l'avons fait, le chiffre de 18 000 kilogrammes comme représentant le poids de ces racines par hectare, ces dernières contiendraient un total d'azote combiné représenté par 187 kilogrammes, dont la couche supérieure peut s'enrichir par la décomposition de ces racines. Mais ce n'est pas tout ; pendant les manipulations auxquelles on le soumet pour le faner et pour le botteler, le sainfoin perd une quantité considérable de ces débris que nous avons désignés sous le nom de fleurain; nous ne serons pas très-éloignés de la vérité en évaluant cette perte, comme pour la luzerne, à 10 pour 100 du fourrage fané, soit pour 17 760 kilogrammes de fourrage complétement desséché, 1 776 kilogrammes représentant environ 58 kilogrammes d'azote qui, ajoutés aux 187 kilogrammes contenus dans les racines, forment un total de 245 kilogrammes, c'est-à-dire l'équivalent d'une forte fumure.

Il arrive quelquefois qu'on ajoute au sainfoin [du trèfle rouge en mélange, dans le but d'en accroître les produits, mais ce mélange n'est avantageux que dans les terres où se plaît le trèfle, et l'addition d'un peu de luzerne est préférable sous le rapport de la durée, parce que le trèfle a presque disparu à la troisième année. Dans les sols pauvres et crayeux, l'addition de la pimprenelle donne d'assez bons résultats.

J'ai fait quelques essais sur un mélange de trèfle et de sainfoin, dans le but de reconnaître l'influence de l'époque et du nombre des coupes sur la quantité et sur la qualité du fourrage obtenu.

J'en rapporterai sommairement ici les principaux résultats :

	Fourrage complétement privé d'eau.	Azote de la récolte.
1ʳᵉ SÉRIE.—1ʳᵉ coupe, 29 avril. .	1684^k	68^k,7
2ᵉ coupe, 26 juin..	1426	46 ,5
3ᵉ coupe, 29 août..	983	25 ,3
Total. . .	4093	140 ,5

Au moment de la 3ᵉ coupe, le sainfoin avait presque entièrement disparu.

2ᵉ SÉRIE.—1ʳᵉ coupe, 21 mai. .	2276ᵏ	81ᵏ,7
2ᵉ coupe, 16 juillet.	1485	43 ,9
Total. . .	3761	125 ,6
3ᵉ SÉRIE.—1ʳᵉ coupe, 3 juin. .	2622ᵏ	82ᵏ,6
2ᵉ coupe , 18 juillet.	1509	48 ,3
Total. . .	4131	130 ,9
4ᵉ SÉRIE.—1ʳᵉ coupe, 16 juin..	3295ᵏ	84ᵏ,8
2ᵉ coupe, 13 août. .	1894	48 ,6
Total. . .	5189	133 ,4

Ces deux dernières coupes avaient été faites dans les conditions ordinaires, en même temps que le reste du champ.

Du 16 juillet au 13 août, les parcelles de la deuxième et de la troisième série avaient à peine poussé quelques feuilles ; et si nous laissons pour un moment de côté les trois coupes de la première série, nous voyons que, plus nous nous rapprochons de l'usage ordinaire, plus le rendement augmente, et plus est considérable aussi la masse totale de matières azotées contenues dans la récolte.

Les trois coupes de la première série, réalisées à peu près à la même époque que les deux coupes usuelles, nous offrent réellement un fourrage supérieur en richesse alimentaire aux deux coupes faites aux époques ordinaires ; mais ce résultat est obtenu aux dépens de la durée de la plante, car, en procédant ainsi, on avait déjà fait mourir une partie du sainfoin ; d'où il semble résulter que la pratique en était arrivée, depuis long-temps, à faire ce qu'une théorie raisonnée eût pu lui conseiller de plus avantageux.

L'extension donnée à l'élève du bétail dans beaucoup de régions date surtout de l'introduction du sainfoin dans les cultures fourragères ; c'est sans contredit le meilleur fourrage à faire consommer sur pied en vert, et tous les animaux en sont friands ; les moutons le rongent jusqu'au collet , et ce n'est qu'avec précaution qu'il faut les mettre dans des sainfoins qui ne sont pas destinés à être rompus immédiatement après.

Le regain feuillu qui pousse, soit après la première coupe de la petite variété, soit après la seconde coupe de la grande variété, est un des plus riches fourrages verts que l'on connaisse ; il vaut presque son poids de foin normal *fané* de pré naturel, et il aurait une valeur plus que double comme fourrage sec.

On peut s'expliquer ainsi comment, dans l'arrière-saison, peuvent encore vivre et donner un produit passable les vaches à lait de certains pays secs, qui ne trouvent à peine chaque jour que de rares feuilles de regain de sainfoin. La qualité supplée ici en partie à la quantité.

Le sainfoin se sème quelquefois dans le blé d'automne, plus souvent dans les blés de printemps, le seigle, l'orge ou l'avoine. Il est très-sensible à l'action du plâtre, même dans les sols essentiellement calcaires.

CHAPITRE III.

TRÈFLE *rouge ordinaire.*

Le *trèfle rouge ordinaire* (trifolium pratense des botanistes), connu encore dans la basse Normandie sous
les noms de *trémaine* et de *pagnolée*, est la base de
toute bonne agriculture des climats frais et humides,
comme la luzerne et le sainfoin sont la base de l'agriculture des climats et des terrains secs.

Le trèfle réussit moins sûrement dans le midi que
dans le nord ; il y produit quelquefois des récoltes éton-
nantes par leur abondance, tandis que d'autres fois,
lorsqu'on n'a pas les ressources de l'irrigation, les récoltes sont presque nulles, à cause de l'extrême sécheresse. Dans toute la région située au nord de la Loire
on peut compter sur deux coupes, d'autant plus abondantes que le sol, d'ailleurs de nature convenable, sera
mieux préparé et plus profond.

Dans tous les cas, on ne peut compter sur une réussite certaine que dans les terres propres à la culture du
froment.

Le trèfle pourrait durer trois ans dans les terres qui
lui sont plus particulièrement favorables, mais on ne
le conserve habituellement que deux ans, parce que,
la troisième année, il s'éclaircit beaucoup. se trouve
souvent envahi par les mauvaises herbes, et que son
produit n'est plus suffisamment avantageux.

Les cendres du trèfle contiennent beaucoup de potasse, et cette circonstance explique sa réussite sur les

6

sols un peu argileux, qui contiennent ordinairement une plus forte proportion de cette substance que les terrains purement calcaires; ces mêmes cendres contiennent aussi beaucoup de chaux, et cette circonstance explique les bons effets du marnage, du chaulage et du plâtrage sur les champs où le trèfle réussit bien. Les bons effets du plâtrage se font sentir sur cette plante même dans les sols calcaires ou marneux.

Le rendement du trèfle est habituellement compris entre 5 et 10 000 kilogrammes de fourrage fané par hectare, suivant la qualité du sol.

Si, pendant les manipulations dont il est nécessairement l'objet avant d'être emmagasiné au fenil, il ne perdait aucune de ses feuilles ni des extrémités de ses jeunes rameaux, le trèfle fauché en pleine fleur contiendrait, par kilogramme de fourrage complétement privé d'humidité, 26 grammes et demi d'azote, ce qui correspondrait à 21 ou 22 grammes par kilogramme de fourrage fané dans les conditions ordinaires.

Les nombreuses analyses que j'ai faites sur du trèfle marchand de bonne qualité ne m'ont jamais donné plus de 16 à 17 grammes d'azote par kilogramme, et souvent moins.

Cette différence est due à la perte que le trèfle éprouve pendant le fanage et le bottelage; les feuilles et débris divers qui peuvent ainsi se détacher et tomber sur le sol peuvent s'élever jusqu'à 15 ou 20 pour 100, lorsque les manipulations se font au milieu du jour, et par un soleil ardent. Nous admettrons, dans la suite, que cette perte ne s'élève qu'à 10 pour 100, parce que les résultats que nous venons de citer sont exceptionnels.

Lorsqu'on examine séparément les différentes parties du trèfle on trouve, comme pour le sainfoin, des différences considérables entre la richesse en azote des fleurs. des feuilles, de la partie supérieure et de la partie inférieure de sa tige. Voici le résumé des résultats obtenus par l'examen du trèfle marchand, complétement privé d'humidité à l'étuve :

	Azote.
Fleurs (*épis entier*). . .	36^g,3 par kilogramme.
Feuilles.	40 ,4
1/3 supérieur des tiges.. .	18 ,1
2/3 inférieurs des tiges.. .	11 ,5

Les débris qui se détachent pendant le fanage et le bottelage, débris que je désignerai, comme pour la luzerne et le sainfoin, sous le nom de *fleurain*, contenaient 39 grammes d'azote par kilogramme.

Comme la luzerne et comme le sainfoin, le trèfle ne présente ni la même composition chimique, ni la même valeur alimentaire aux différentes époques de sa végétation ; considéré à l'état de fourrage vert, la coupe du printemps est d'autant plus riche en matière azotée qu'elle est plus tendre ou moins avancée ; à l'époque de l'apparition des fleurs, cette richesse reste à peu près constante jusqu'au moment où le trèfle défleurit : voici à cet égard quelques résultats d'observations faites, en 1855 et en 1856, sur des terres de fertilité et de valeur différentes :

	Azote par kilogramme de trèfle vert.		
	1855.		1856.
Hauteur 0^m,15.	. 26 mai. . 6^g,8..	23 avril. 6^g,8
30 à 35 centimètres.	2 juin. . 5 ,8..	6 mai.. 5 ,4
60 à 63 centimètres.	2 juillet. 5 ,7..	21 juin.. 5 ,3

Lorsqu'au lieu de considérer la première coupe on considère la coupe d'été, c'est généralement l'inverse qui a lieu, ce qu'on peut attribuer à une plus forte proportion de feuilles dans la masse du fourrage et à une moins grande prédominance des tiges, et peut-être aussi à une moindre proportion d'eau contenue dans la plante sous l'influence de la sécheresse estivale.

Quoi qu'il en soit de l'explication, voici à l'appui du fait quelques résultats d'analyses de trèfles récoltés sur les mêmes champs dont il vient d'être question :

	Azote par kilogramme de trèfle vert.	
Hauteur de la plante.	1855.	1856.
15 à 20 centimètres..	5^g,5.	»
De 20 à 35 centimètres..	6 ,4.	6$_g$,3
En pleine fleur.	6 ,6.	6 ,7

Lorsqu'au lieu de considérer le trèfle à l'état vert on le prend complétement privé d'eau, on le trouve toujours d'autant plus riche qu'il est moins avancé dans son développement, et la différence est quelquefois très-considérable, comme on en jugera facilement par les nombres qui suivent, se rapportant à divers produits récoltés la même année sur des parcelles contiguës :

	Azote par kilogramme de trèfle complétement sec.
Coupe du 23 avril..	43^g,75
— du 16 mai..	536 ,3
— du 29 mai..	32 ,00
— du 7 juin.	29 ,85
— du 21 juin..	27 ,45

Comparé au dernier, le premier fourrage présente, à poids égal, un excédant de richesse de plus de 59 pour 100.

Mais si, laissant pour un moment de côté les difficultés plus grandes de dessiccation, le trèfle coupé de bonne heure constitue un meilleur fourrage sec que le trèfle coupé en pleine fleur, son rendement est alors moins considérable, et l'on peut se demander si l'on gagne par la qualité ce qu'on perd sur la quantité.

Je me suis livré, en 1855 et en 1856, à plusieurs séries de recherches desquelles il est résulté :

1° Qu'on s'expose à abréger la durée du trèfle, dans les terrains secs, en multipliant les coupes de manière que chacune d'elles ait lieu avant l'apparition des fleurs ;

2° Que l'avantage trouvé dans la qualité, en procédant ainsi, ne compense pas toujours la perte que l'on éprouve sur la quantité, parce que la masse totale de matières azotées contenues dans la récolte est sensiblement plus grande, lorsque les coupes se font au moment où le trèfle est en pleine fleur, qu'à toute autre époque, et qu'ainsi la pratique séculaire avait encore, sur ce point, devancé la théorie.

Cependant, lorsqu'il s'agit d'acheter du trèfle sur le marché, le plus avantageux, pour l'acquéreur, sera toujours celui qui aura été récolté le plus tôt possible, s'il a été convenablement récolté.

Suivant M. G. Heuzé, 100 kilogrammes de trèfle vert coupé en fleurs donnent environ 26 kilogrammes de fourrage fané ; j'ai trouvé, pour nos trèfles de première coupe de la plaine de Caen, 27 pour 100. Ce nombre serait plus considérable, si la coupe était un peu tardive.

M. Boussingault a fait observer, avec raison, que la seconde coupe, dans les mêmes conditions de développement, donne ordinairement en fourrage sec un rendement plus élevé que la première pour 100 kilogrammes de vert ; il porte ce nombre à 29 pour 100 ; je l'ai souvent trouvé égal à 30 ou 31, et quelquefois plus élevé, surtout lorsque l'année est sèche.

6.

Sans pénétrer dans le sol à une aussi grande profondeur que celles de la luzerne et du sainfoin, les racines du trèfle vont, comme ces dernières, chercher dans les couches profondes du sol la majeure partie des éléments de nutrition qu'elles n'empruntent pas à l'atmosphère, et surtout les phosphates et les matières azotées. Lorsqu'on vient, au bout de deux ans, à détruire le trèfle, la majeure partie de ces racines viennent enrichir, par leur décomposition, la couche superficielle où se font habituellement les labours.

Le poids de ces racines s'élève, suivant M. Heuzé, à 5 200 kilogrammes dans les terres moyennes de Seine-et-Oise, et nous pouvons hardiment le porter à 6·000 kilogrammes par hectare dans nos bonnes terres moyennes de la plaine de Caen.

Si nous admettions, avec M. de Gasparin, que ce poids est égal à 83 pour 100 du rendement annuel, nous arriverions à un chiffre beaucoup plus élevé encore.

D'après les analyses de M. Lecorbeiller, ces racines, à l'état ordinaire, contiennent 9^{gr},7 d'azote par kilogramme, ce qui représente pour les 6 000 kilogrammes, un total de 58 kilogrammes d'azote [1]; si maintenant, aux racines, nous ajoutons 7 à 800 kilogrammes de fleurain par année, soit pour les deux années 1500 kilogrammes, contenant 1500 fois 39 grammes ou plus de 58 kilogrammes d'azote, on aura, pour les résidus

[1] Voici les résultats plus circonstanciés de cette analyse :

Eau.	670,0 grammes par kilogramme.
Matière sèche.	330,0
Cendres.	53,7
Azote.	9,7

Azote contenu dans les racines complétement privées d'humidité, 29^{gr},4 par kilogramme. (Heuzé, *Plantes fourragères.*)

de toute nature laissés dans le sol par un trèfle au bout de deux ans, une quantité d'azote représentée par plus de 116 kilogrammes par hectare ; et si l'on y ajoute 247 kilogrammes contenus dans le fourrage des deux années de récolte, ainsi que la portion d'azote contenue dans le regain de la première année que l'on fait presque toujours consommer sur place, c'est-à-dire environ 25 kilogrammes, on peut se demander, comme pour la luzerne et pour le sainfoin, comment une terre qui vient de produire un ensemble de récoltes représentant plus de 270 kilogrammes d'azote et près de 200 kilogrammes de phosphates, c'est-à-dire plus de matière azotée et plus de phosphates qu'on n'en trouve dans trois récoltes de froment (paille et grain), peut encore donner ensuite une ou plusieurs bonnes récoltes de céréales, sans engrais.

Nous venons de répondre tout à l'heure à cette question, en citant le nombre qui exprime la richesse en azote des résidus laissés par le trèfle; 116 kilogrammes d'azote et 52 kilogrammes de phosphates constituent une richesse bien plus que suffisante pour subvenir au prélèvement qu'exerce sur le sol une bonne récolte de froment.

De même que celui de sainfoin et de luzerne, le foin de trèfle est d'autant meilleur qu'il a été moins longtemps à se dessécher.

Il paraît constaté que le trèfle est plus favorable à la sécrétion et à l'abondance du lait que la plupart des autres fourrages, et l'on attribue cette propriété à une plus forte proportion de matières grasses. Les résultats pratiques semblent en effet démontrer que le trèfle constitue un meilleur aliment pour les bêtes d'engrais que pour les animaux de travail.

Le trèfle se sème tantôt dans les céréales de printemps, tantôt dans les céréales d'hiver. Les plantes qu'il redoute sont : l'*orobanche*, le *cuscute*, la *folle avoine*, l'*agrostis traçante* et le *chiendent* ; parmi les animaux et les insectes, les *limaces*, le *ver blanc* et les *mulots*.

Dans les terres pauvres, on se trouve bien de sacrifier la seconde coupe de la deuxième année, que l'on enfouit en vert, pour doter le sol d'une plus grande masse de principes fertilisants.

CHAPITRE IV.

AJONC, *lande, ajonc marin, vignon, vignot, jonc épineux, genêt épineux*, etc. (ulex europæus).

C'est dans la basse Bretagne surtout que l'ajonc rend d'inappréciables services , en fournissant tout l'hiver une excellente nourriture verte et fraîche.

Rustique et vivace, cette plante fleurit ordinairement depuis janvier jusqu'en avril. Les pousses de chaque année ne passent à l'état ligneux que lorsque les fleurs sont complétement épanouies ; jusque-là , elles sont tendres et savoureuses quand elles ont été convenablement préparées.

L'ajonc ne se trouve pas sur les sols calcaires ; il se plaît, au contraire, et pousse vigoureusement dans les terrains argilo-siliceux ou schisteux profonds, où il dure douze à quinze ans, quelquefois plus. Il redoute les fonds marécageux et n'aime pas les terres à bruyères.

La récolte s'en fait ordinairement depuis la fin de

novembre jusqu'à la fin de février ; en mars il devient trop dur pour être consommé comme fourrage.

Lorsque l'ajonc est uniquement destiné à servir d'aliment au bétail, on le coupe une fois chaque année, aussi bas que possible, à la faux ; sans cette dernière précaution, les tronçons qui restent, devenus ligneux, ébrèchent la faux l'année suivante, et rendent bientôt la coupe difficile.

Lorsqu'on ne soumet pas l'ajonc à une coupe régulière, comme lorsqu'il sert à garnir des haies de clôture, on n'utilise comme fourrage que les pouces annuelles non encore ligneuses, dont la longueur est habituellement comprise entre 25 et 50 centimètres.

Le rendement d'une bonne vignonnière, mise en coupe réglée pour fourrage vert, peut s'élever à 20 ou 25 000 kilogrammes par hectare, et M. de Lorgeril en a récolté jusqu'à 33 000 kilogrammes dans le département d'Ille-et-Vilaine.

Si l'on excepte les très-jeunes pousses, les feuilles de l'ajonc, même avant qu'il ne soit devenu ligneux, sont terminées par des pointes aiguës et rigides qui les rendent difficiles à manger ; on est obligé, pour le faire consommer, de broyer les pousses tout entières, à l'aide de machines et de procédés très-divers, dont la description sort de notre sujet. L'opération n'a pas besoin d'être poussée assez loin pour réduire la matière en pâte, et, suivant M. Heuzé [1], une addition de 15 à 20 pour 100 d'eau rend cette opération plus facile et plus prompte.

L'ajonc, qui résiste bien aux rigueurs de l'hiver, qui se conserve à l'état de fourrage vert sous la neige, alors

[1] Heuzé, *Plantes fourragères.*

que le trèfle, le sainfoin, la luzerne et les autres fourrages verts analogues manquent depuis longtemps, est
un fourrage précieux pour les pays de landes qui le
produisent en abondance, et ses racines et ses bran-
ches, devenues ligneuses, peuvent être employées
comme combustible.

Il peut entrer pour une forte part dans la ration
quotidienne du cheval de travail, sans diminuer son
énergie, et dans celle de la vache laitière, sans altérer
les qualités du lait et du beurre qu'elle produit ; enfin
il est aussi mangé avec avidité par les animaux d'espèce
ovine.

Le vignon, tel qu'il est récolté pour fourrage, contient ordinairement 45 pour 100 de matière sèche et 55
pour 100 d'eau. A l'état vert et frais, on y trouve de 8
grammes et demi à 9 grammes d'azote par kilogramme,
c'est-à-dire beaucoup plus que dans la plupart des bons
fourrages verts ordinaires de trèfle, de luzerne ou de
sainfoin.

En soumettant à l'analyse les différentes parties de
ce fourrage, nous avons obtenu les résultats suivants,
rapportés à un kilogramme de substance :

	Matière sèche.	Azote.
Jeunes feuilles seules.. . . .	575$^{gr.}$	11$^{gr.}$,2
Ecorce de jeunes rameaux verts.	550	10, 1
Ramilles garnies de feuilles. .	451	9, 1
Rameaux verts sans feuilles. .	469	5, 9

C'est-à-dire que c'est dans les jeunes ramilles et surtout dans les feuilles que se trouve la plus grande
partie des principes azotés ; les feuilles tendres, prises
à part, pourraient être considérées comme l'équivalent
d'un égal poids de foin normal fané.

Les cultivateurs bretons admettent depuis longtemps que l'ajonc peut remplacer les deux tiers de son poids de foin ordinaire, et l'analyse chimique, d'accord avec ce résultat pratique, nous montre que sa richesse en matières azotées est à peu près les deux tiers de celle du foin de moyenne qualité ordinaire.

L'ajonc craint les gelées tardives qui viennent après un hiver doux, et l'on doit avoir grand soin d'éloigner toute espèce de bétail des jeunes semis qui se font ordinairement dans une céréale, comme ceux du trèfle, de la luzerne et du sainfoin.

Comme ces dernières plantes, l'ajonc n'appauvrit pas la couche supérieure du sol qui l'a porté ; il l'enrichit, au contraire, chaque année, par les débris foliacés qu'il y laisse, et qui se décomposent au profit des récoltes destinées à lui succéder.

DEUXIÈME GROUPE.

PLANTES FOURRAGÈRES ÉPUISANTES.

CHAPITRE V.

TRÈFLE INCARNAT. — LUZERNE.

Le trèfle incarnat, *farouch* ou *farouche*, *trèfle d'Espagne*, *pagnolée d'Espagne*, etc., appelé souvent encore *trèfle de Roussillon*, parce que c'est dans cette partie de la France que sa culture paraît avoir pris naissance, est une plante merveilleusement appropriée aux terrains secs, pourvu qu'elle y trouve assez d'humidité pour assurer sa sortie de terre.

Il se distingue du trèfle rouge ordinaire d'abord par la forme de son épi et la couleur de ses fleurs, mais surtout parce qu'il meurt après avoir porté graine.

Il se recommande surtout par le peu de cultures préparatoires qu'il exige, et par la facilité avec laquelle il peut s'associer à beaucoup de récoltes dérobées semées clair, navets, moutarde, etc.

Il se sème à une époque où l'on a pu s'assurer de la non réussite des trèfles rouges ou des sainfoins qu'il est destiné à suppléer, pour éviter la disette du fourrage sur une exploitation. Il se récolte en vert à une époque où les autres fourrages ne sont pas encore assez avancés, et c'est un de ses principaux titres à l'attention du cultivateur auquel il peut fournir jusqu'à 20 ou 25 000 kilogrammes de fourrage vert par hectare.

Pâturé ou coupé de bonne heure, il repousse assez bien, tandis qu'il ne repousse plus lorsqu'il est coupé un peu tardivement. Du reste, comme fourrage vert, il est notablement inférieur au trèfle ordinaire à poids égal; et comme fourrage fané, il a l'inconvénient d'être plus dur que lui. L'addition d'une petite quantité de vesces et d'avoine d'hiver ou de ray-grass le rend plus appétissant, lorsqu'il commence à durcir.

Il est sensible à l'action du plâtre et bien plus sensible encore à l'action des engrais pulvérulents actifs, poudrettes, guano, etc.

Le trèfle incarnat demande des terres peu tenaces, qui n'aient rien à souffrir du séjour des eaux (calcaires légers, sables siliceux, etc.), d'ailleurs il viendra d'autant mieux que les terres seront en meilleur état de propreté et de fertilité. Il n'exige cependant pas que ces terres soient préalablement ameublies, car il ne réussit jamais mieux que lorsqu'on sème sa graine, non mondée, sur un champ à peine ratissé et roulé.

Malgré toutes ses bonnes qualités, le trèfle incarnat ne saurait être mis sur la même ligne que le trèfle rouge et le sainfoin, comme plante améliorante, parce que ses racines ne pénètrent pas à la même profondeur dans le sol, et parce qu'il ne laisse pas, comme ces derniers, une masse considérable de résidus propres à servir d'engrais pour les récoltes qui doivent lui succéder.

Il serait difficile de contester son effet épuisant, si l'on considère qu'une récolte de 20 000 kilogrammes de trèfle incarnat coupé en fleurs prélève, dans la couche supérieure du sol, et en quelques mois, plus de 80 kilogrammes d'azote combiné, c'est-à-dire au moins autant qu'une bonne récolte de froment.

Lupuline , *minette, minette dorée, petit trèfle jaune* (medicago lupulina).

La minette est une excellente ressource pour les terres sèches et peu fertiles ; elle réussit là où le trèfle ne prospère pas , et où le sainfoin fleurit au ras du sol. Dans les pays où elle réussit bien, elle est souvent employée pour utiliser les jachères.

Les terres qui lui conviennent sont les sols calcaires et surtout les sols argilo-calcaires ; elle prospère encore sur les coteaux crayeux et arides , parce que ses racines fibreuses lui permettent de résister aux grandes sécheresses.

Moins difficile que le trèfle, la luzerne et le sainfoin, elle ne demande pas des terrains très-riches, mais elle donne des produits d'autant plus abondants que le sol est moins aride et plus fertile ; elle peut, lorsqu'elle est placée dans de bonnes conditions, atteindre jusqu'à 50 ou 60 centimètres de longueur, et donner alors 4 à 5 000 kilogrammes de fourrage fané.

Mais comme on lui consacre bien rarement de pareils fonds, elle produit ordinairement beaucoup moins, et on la fait'alors manger sur place. Elle offre l'avantage de ne pas occasionner la météorisation des animaux qui la consomment. Comme fourrage vert, la minette est très-recherchée par les animaux, et c'est avec raison ; car nous y avons trouvé de 6 à 8 grammes d'azote par kilogramme, c'est-à-dire plus qu'on n'en trouve en pareille circonstance dans le sainfoin et dans le trèfle.

Si nous la comparons, à l'état fané, avec les mêmes fourrages, nous retrouvons encore cette même supériorité, puisqu'elle contient alors 25 grammes d'azote par kilogramme, tandis que le trèfle et le sainfoin, fanés au même degré, c'est-à-dire contenant encore la même proportion d'humidité, ne contiennent pas plus de 18 à 20 grammes d'azote par kilogramme.

Les semis de minette se font, comme ceux de luzerne ou de trèfle, sur des terres couvertes de céréales en végétation, et nous devons ajouter qu'elle est plus sensible aux gelées que le trèfle.

CHAPITRE VI.

VESCES. — POIS GRIS.

Les vesces (*vicia sativa*) paraissent avoir été cultivées comme fourrage depuis les temps les plus reculés. On les distingue en *vesces d'hiver* ou hivernage, et en *vesces de printemps*.

Les vesces d'hiver, pour donner d'abondants produits, demandent un terrain sain, tandis que celles de printemps s'accommoderaient volontiers d'un terrain plus frais, bien qu'elles redoutent aussi les terrains humides.

Les vesces sont des plantes grimpantes munies de vrilles ; elles ont besoin d'être un peu soutenues lorsqu'elles poussent vigoureusement ; autrement elles se couchent sur le sol , les feuilles de la partie inférieure de la tige pourrissent , et la tige elle-même devient beaucoup moins appétissante pour le bétail. Pour les soutenir ou les *ramer,* on les associe ordinairement au seigle , à l'avoine ou à l'escourgeon , et le mélange porte alors les noms de *dragée, mélarde,* etc.

L'avoine d'hiver et l'escourgeon sont préférables au seigle pour cet usage, parce qu'ils épient plus tard et durcissent moins vite. Les vesces de printemps ne s'allient qu'à l'avoine, dont la proportion ne doit jamais dépasser 15 à 20 pour 100 au maximum.

Les vesces peuvent être consommées soit en vert, soit comme fourrage sec. Lorsqu'on veut les faire manger en vert et que le terrain n'est pas trop sec, on échelonne les époques de semis depuis mars jusqu'en juin, pour avoir plus longtemps du fourrage vert. Les semis du commencement de mars sont ordinairement consommés à la fin de juin ; ceux d'avril sont fauchés à la fin de juillet, et enfin les semis de la mi-mai peuvent être donnés au bétail dans la dernière quinzaine d'août.

Lorsque les vesces sont destinées à être transformées en fourrage sec, on en fait la coupe lorsque la plupart des gousses commencent à grossir, et avant la complète maturité de la graine, sans quoi le fourrage serait beaucoup moins homogène par suite de l'appauvrissement des tiges.

Le rendement, sous cette dernière forme, s'élève à 2 500 ou 3 000 kilogrammes par hectare dans les terres médiocres, et peut aller jusqu'à 8 ou 10 000 kilogrammes dans des terres fertiles en bon état. M. G. Heuzé évalue ce rendement à 4 000 kilogrammes dans des terres susceptibles de produire 25 hectolitres de blé.

Les vesces passent pour constituer un fourrage moins convenable que le trèfle à la production du lait, et paraissent plus propres à l'entretien de la force ; aussi les considère-t-on comme une excellente nourriture pour les chevaux, dès que les gousses sont bien formées.

Coupées avant la fleur, lorsqu'elles sont encore très-tendres, les vesces contiennent, à l'état vert, 7 grammes d'azote par kilogramme, et près de 45 grammes après dessiccation. Coupées en pleine fleur, elles contiennent, à l'état vert, 5 grammes 2 décigrammes d'azote par kilogramme, et plus de 41 grammes après leur complète dessiccation.

Considéré comme nourriture verte, ce fourrage vient se placer à côté des bons fourrages verts de trèfle et de sainfoin, mais il leur serait supérieur comme nourriture sèche.

Lorsqu'on laisse parvenir les vesces à maturité, elles donnent comme bon produit moyen :

1°—15 hectolitres ou 1 250 kilogrammes de graines;

2°—2 900 kilogrammes de *fanes* ou paille, soit, pour la récolte entière, 4 150 kilogrammes. Pris à cet état (paille et graines réunies), ce fourrage contient 20 grammes et demi d'azote par kilogramme, ce qui le place au-dessus des bons fourrages ordinaires de prairies artificielles (trèfle, luzerne et sainfoin).

Les vesces tiennent habituellement la place des plantes sarclées pour précéder le blé, parce que, lorsqu'elles viennent bien, elles étouffent la plupart des mauvaises herbes.

On a voulu les considérer comme des plantes améliorantes ; mais la pratique a refusé de leur accorder un rôle aussi important. Il est possible que, dans des sols très-riches et doués d'une certaine ténacité, elles n'aient pas exercé d'influence fâcheuse bien sensible sur la récolte suivante; mais dans les terres *légères* douées d'une médiocre fertilité, l'appauvrissement du sol est facile à constater; de plus, elles ont encore pour effet d'en diminuer notablement la ténacité, déjà souvent trop faible.

Les vesces, surtout celles d'hiver, s'accommodent très-bien, au printemps, d'un plâtrage qui en augmente le rendement.

Parmi les animaux nuisibles que redoutent les vesces, on doit citer en première ligne, parmi les oiseaux, les *tourterelles* et les *pigeons ramiers ;* parmi les insectes, les *pucerons* et la *coccinelle ponctuée* (bête du bon Dieu).

« Il est impossible, dit avec raison M. le comte de Gas-
« parin, de fonder une économie rurale solide sur l'em-
« ploi exclusif comme fourrage des mélanges dans les-
« quels dominent les vesces, parce que, si le semis
« vient à mal réussir, il est difficile de parer à un dé-
« ficit de fourrage qu'on n'a pas pu prévoir ; tandis
« que si l'on sème une luzerne, un trèfle ou un sain-
« foin , et que sa réussite ne soit pas satisfaisante, on
« peut y suppléer par des vesces, et c'est là leur véri-
« table rôle.

« Ce serait folie de vouloir restreindre en faveur des
« vesces la culture du trèfle, de la luzerne ou du sain-
« foin ; ce serait sacrifier la ménagère à la servante.

« Les vesces , et les plantes analogues (gesses ,
« pois, etc.), constituent des fourrages *supplétifs*, et
« non des fourrages fondamentaux ; leur culture est un
« expédient ; elle ne peut être la base d'un système. »

Quand le cultivateur se voit ménacé d'un déficit de
fourrage par le mauvais état de ses prairies principales,
quand ses trèfles ou ses sainfoins seront sortis clairs,
quand ils auront mal poussé en automne, il pourra les
sacrifier en tout ou en partie, et préparer à côté une
récolte supplémentaire de vesces destinée à combler les
vides de ses greniers à foin.

Le prélèvement de matière azotée exercé par une
récolte de vesce comme celle dont nous avons fixé le
rendement page 113, est représenté par plus de 85 kilogrammes d'azote par hectare, c'est-à-dire supérieur à
celui d'une récolte de blé.

Pois gris, *bisaille* (pisum arvense).

Cette espèce de pois, que l'on désigne encore sous
les noms de *pois de brebis, pois d'agneau, pois des*

champs, se cultive dans la Brie, la Beauce, la Picardie, la Flandre, le Maine, l'Anjou, la Bretagne, et dans certaines parties de la Normandie. On en distingue plusieurs variétés : le *pois gris d'hiver,* variété rustique et précieuse pour les terrains secs et graveleux ; le *pois gris de printemps,* sous-variété hâtive qui se sème en mars et en avril ; enfin, on connaît encore une sous-variété tardive du *pois gris de printemps,* qui peut être semée en mai et juin.

Les pois gris aiment une terre argilo-calcaire ou un sol argilo-siliceux chaulé ou marné.

Comme les vesces, ils donnent, toutes choses égales d'ailleurs, un produit d'autant plus abondant que le sol qui les porte est plus richement fumé de longue main.

On les fauche habituellement quand ils sont presque défleuris et que les cosses inférieures sont parfaitement formées ; le rendement surpasse d'environ 50 pour 100 celui des vesces, et leur valeur, comme fourrage vert, est à peu près la même ; ils sont très-recherchés des bêtes à cornes et des bêtes à laine.

Lorsqu'on laisse la graine parvenir à maturité, on récolte, en bonne moyenne, de 15 à 25 hectolitres de graine, et 4 000 à 4 500 kilogrammes de paille ou fanes sèches, soit 20 hectolitres ou 1580 kilogrammes de graines et 4000 kilogrammes de fanes.

Le foin de pois gris, quoique un peu dur et plus grossier que celui de vesces, est cependant bien mangé, et sa valeur nutritive dépend de son état de maturité ; il contient, moyennement, 18 grammes d'azote par kilogramme, ce qui conduit à considérer 100 kilogrammes de ce fourrage comme l'équivalent de 156 kilogrammes de foin normal fané.

Une bonne récolte moyenne de cette nature prélève sur le sol plus de 100 kilogrammes d'azote par hectare.

On fait assez souvent usage, dans certaines parties de la plaine de Caen, pour la nourriture en vert des bêtes à cornes, d'un mélange de pois gris tardifs, de colza et de sarrasin, semés clair, en mai et en juin, de quinzaine en quinzaine, pour être consommés en août. Ces animaux s'accommodent parfaitement d'une pareille nourriture, qui est habituellement consommée sur place.

CHAPITRE VII.

IVRAIE VIVACE.

De toutes les graminées fourragèrès qui durent plus d'une année, l'ivraie vivace (*ray-grass, lolium perenne*) est la plante la plus souvent cultivée en Angleterre, soit seule, soit mélangée de trèfle.

Dans les terrains maigres et secs, l'ivraie vivace fleurit ras de terre; sur les sols qui lui conviennent et qui sont bien préparés, elle donne une herbe haute et épaisse.

Le ray-grass est généralement moins estimé comme fourrage sec que comme fourrage vert, parce qu'on le fauche ordinairement trop tard, et qu'alors il devient dur.

Son produit moyen, dans des conditions ordinaires, est évalué à 4 500 kilogrammes de foin sec marchand ; dans des sols riches, ce produit peut s'élever jusqu'à 9 000 kilogrammes par hectare.

La précocité de la pousse du ray-grass, et la propriété qu'il possède de repousser avec vigueur quand il a été brouté ou coupé, surtout dans des terrains convenablement frais et susceptibles d'être irrigués, le rendent précieux pour le pâturage et pour le produit à consommer en vert à l'étable.

Suivant M. de Gasparin, le ray-grass, coupé au moment de l'apparition des premières fleurs, contient, après le fanage, 9^{gr},8 d'azote par kilogramme, tandis que, suivant M. L. Vilmorin, coupé lorsque les graines sont en lait, il donnerait 41 pour 100 de son poids de foin, dosant 15 grammes d'azote par kilogramme. La différence est assez grande pour mériter un nouvel examen de la part des chimistes.

Cette discordance tient peut-être à une grande différence de fertilité du sol, et nous avons déjà vu (page 59) que M. Houzeau a constaté, précisément dans une prairie à base de ray-grass, une différence de cet ordre, en comparant le foin récolté dans une parcelle non fumée, et celui qu'avait produit une parcelle voisine fumée avec un engrais liquide.

On sème habituellement le ray-grass au printemps, soit avec du blé de mars, soit dans un blé d'hiver après un hersage. Il peut durer, lorsqu'il est bien garni, sept ou huit ans, *pourvu qu'on le fume à propos.*

« L'ivraie vivace est une plante véritablement épui-
« sante, dit M. de Gasparin [1] ; les Anglais la consi-
« dèrent avec raison comme une des graminées qui
« épuisent le plus la terre. »

Arthur Young cite une expérience faite dans le comté de Kent, de la moitié d'un champ semé en trèfle et l'autre moitié en ray-grass, qui furent ense-

---

[1] *Cours d'agriculture,* t. IV, p. 496.

mencées en blé après le défrichement de ces plantes. La portion qui avait porté du trèfle donna le double de celle où avait végété le ray-grass [1].

En admettant un rendement annuel de 4 500 kilogrammes et une durée de quatre ans seulement, les 18 000 kilogrammes de foin récoltés ont dû prélever sur le sol une proportion d'azote combiné qui ne s'élève pas à moins de 216 kilogrammes par hectare, près de deux fois et demie ce que prélève une récolte de froment.

Ivraie ou Ray-grass d'Italie.

Cette variété d'ivraie végète plus vigoureusement que l'ivraie vivace dont nous venons de nous occuper, mais elle ne dure habituellement que deux ans en plein rapport. Cependant, avec le secours de fortes fumures, on est quelquefois parvenu à la faire durer cinq ou six ans.

Elle gazonne moins que le ray-grass anglais et exige absolument des terres fraîches ou irriguées pour donner d'abondants produits.

On en peut obtenir, dans de bonnes conditions, trois coupes abondantes la première année. Dans le Milanais, où elle est soumise à l'irrigation, on en obtient jusqu'à *sept* ou *huit* coupes. Son rendement peut aller à 15 000 kilogrammes de foin par hectare, et même dépasser ce chiffre.

Suivant M. Vilmorin, l'ivraie d'Italie, coupée en fleurs, donne 32 pour 100 de son poids de foin fané, dosant $17^{gr},9$ d'azote par kilogramme.

Une plante dont les racines nombreuses occupent la

---

[1] Arthur Young, t. XIV, p. 191, et t. IV, p. 181.

couche supérieure du sol, dont le rendement peut s'é-
lever annuellement à 15 000 kilogrammes, dont chaque kilogramme contient près de 18 grammes d'azote
en combinaison, doit exiger d'énormes fumures pour
ne pas épuiser fortement le sol qui l'a portée. En
réduisant à deux années sa durée, les 30 000 kilogrammes de foin qu'elle aura produit auront emprunté à
la couche supérieure du sol 537 kilogrammes d'azote,
sept fois plus qu'une bonne récolte entière de blé (paille
et grain), tout ce que renferment d'azote 4 000 kilogrammes de bon guano ou 88 000 kilogrammes de
bon fumier de ferme, en admettant, ce qui n'est pas
possible, que tout ce guano ou que tout ce fumier ait
été transformé en principes assimilables absorbés par
la plante fourragère. Le ray-grass nous conduirait au
même résultat après ses cinq à six années de durée;
par conséquent, nous ne devons pas être surpris du
résultat cité par Arthur Young ; il pouvait être prévu.

CHAPITRE VIII.

MOHA DE HONGRIE (*panicum germanicum*).

Cultivée depuis longtemps en Hongrie et en Allema-
gne, cette plante fourragère a été introduite en France
il y a une quarantaine d'années par M. le comte de
Gourcy père.

C'est une espèce de millet qui, comme toutes les
plantes connues sous ce nom, est assez sensible aux
froids tardifs du printemps et aux froids hâtifs de l'automne, ce qui oblige d'en différer le semis jusqu'au

moment où la température moyenne rend ces gelées extrèmement peu probables.

Ses tiges, droites, hautes de 75 centimètres à un mètre, sont moins grosses, moins ligneuses et plus feuillues que celles de la plupart des autres millets.

Le moha, très-vivace, résiste très-bien aux sécheresses, et cependant, pour végéter vigoureusement, il aime à trouver dans l'atmosphère et dans le sol qui le porte une humidité convenable.

Il se plaît, dit M. Heuzé, dans les terrains argilo-calcaires, ou calcaires-siliceux, et, pour mieux assurer sa réussite, les terres argilo-siliceuses ou silico-argileuses doivent être préalablement marnées ou chaulées.

Pour moins souffrir de la sécheresse, le moha demande un sol profond ; pour donner d'abondants produits, il exige un sol riche, propre et bien ameubli. En somme, c'est une plante assez exigeante sous le rapport de la qualité du sol, et de la quantité d'engrais nécessaire pour en assurer la complète et fructueuse réussite, et qui épuise d'autant plus le sol que la récolte donne de plus abondants produits.

Le moha de Hongrie se sème vers la fin d'avril ou au commencement de mai. En échelonnant des semis depuis cette époque jusqu'à la mi-juillet, on se ménage des récoltes successives de fourrage tendre et recherché par le bétail ; la récolte s'en fait en août ou en septembre, suivant les époques du semis, et peut se continuer presque jusqu'à la maturité des graines.

Lorsqu'on le coupe un peu vert, il peut donner un regain recherché par les bêtes à laine.

Le rendement en fourrage vert peut s'élever à 15 ou 20 000 kilogrammes par hectare, et souvent plus, lorsque le sol et la température sont favorables.

Suivant M. Rieffel, on obtient 100 kilogrammes de foin de 180 kilogrammes de fourrage vert, ou 55 pour 100.

La graine de moha doit être chaulée ou sulfatée comme le froment, avant d'être mise en terre.

CHAPITRE IX.

SORGHO A SUCRE DE LA CHINE.

Parmi les acquisitions nouvelles de plantes fourragères sur lesquelles on a, dans ces derniers temps, appelé l'attention des cultivateurs, il n'en est aucune à l'occasion de laquelle on ait fait de plus magnifiques promesses qu'à l'occasion du sorgho à sucre de la Chine. Cette plante peut être considérée tout à la fois comme plante industrielle par la forte proportion de sucre qu'elle renferme, et comme plante fourragère par la masse considérable de tiges et de feuilles qu'elle produit. Nous laisserons de côté ici le point de vue industriel de la question, dont l'étude laisse encore à désirer, parce que, d'ailleurs, la culture du sorgho comme plante à sucre n'intéressera probablement qu'un petit nombre de nos départements méridionaux, et nous nous bornerons à considérer le sorgho comme plante fourragère.

Tout le monde paraît d'accord aujourd'hui pour attribuer à cette plante une haute valeur pour l'alimentation du bétail, et son rendement, dans les terres qui lui conviennent le mieux, a quelque chose de fabuleux.

Suivant M. Picard, vice-président de la Société d'Agriculture du département de Vaucluse, le sorgho, semé du 15 au 30 avril, peut donner quatre coupes de fourrage vert d'environ 60 centimètres de hauteur chacune :

Semé vers la fin de mars. . . . 3 coupes.
— vers la fin de juin. . . . 2 coupes.
— vers la fin de juillet. . . 1 seule coupe.

et le rendement moyen, dans de bonnes conditions, peut être évalué à 50 000 kilogrammes de fourrage vert et tendre.

Lorsqu'on attend l'apparition des panicules, la masse de fourrage vert peut aller jusqu'à 80 000 kilogrammes par hectare, et même au-delà, si l'on retarde la coupe jusqu'au moment de la formation des graines. On a cité plusieurs fois, dans les recueils agricoles périodiques, des rendements de 100 000 et même de 120 000 kilogrammes par hectare.

M. le comte de Guernon-Ranville a obtenu en 1858, dans le Calvados, en semant dans la dernière semaine d'avril :

1° Une première coupe faite à la fin de juillet, rendant 20 000 kilogrammes de fourrage vert par hectare ;

2° Une seconde coupe au commencement de novembre, produisant 11 700 kilogrammes de jeunes tiges vertes par hectare.

Ces deux coupes réunies formaient un total de 31 700 kilogrammes de tiges dont la hauteur variait de 60 à 80 centimètres de hauteur [1].

Le rendement s'est élevé à 79 000 kilogrammes en

[1] M. Laurens a obtenu, dans l'Ariége, plus de 100 000 kilogrammes en deux coupes.

laissant le sorgho sur pied jusqu'à la complète formation des graines, mais non jusqu'à leur complète maturité, qui paraît difficile à réaliser dans nos départements du Nord-Ouest, même dans des années comme 1857 et 1858.

M. de Beauregard s'est servi avec avantage du sorgho, pendant plusieurs mois, comme nourriture exclusive des bœufs d'engrais et de ses bœufs de labour. L'emploi de cette plante pour l'alimentation des vaches laitières a donné également de bons résultats sous le rapport de la quantité, et surtout de la qualité du lait, et ces derniers faits, observés d'abord dans les départements méridionaux, ont été vérifiés plusieurs fois dans la plaine de Caen, notamment par MM. *Grenier* frères, de Mathieu, et par M. *Manoury*, de Lébisey. Cet intelligent cultivateur a même constaté que les chevaux laissent encore le foin pour le sorgho, alors même que la plante, devenue très-dure, n'est plus recherchée par les vaches que pour ses feuilles, que les animaux ne refusent jamais. Beaucoup d'autres cultivateurs ont été à même de constater les excellentes qualités du sorgho comme fourrage, et, parmi ceux du Calvados, nous pourrions encore citer M. *Binette*, propriétaire-cultivateur aux environs de Pont-l'Evèque, et plusieurs cultivateurs de Seine-et-Marne et du Loiret.

Nous pourrions encore ajouter que les expériences de M. de Beauregard ne laissent aucun doute sur la possibilité d'en faire consommer avec succès la graine par les volailles, sans citer une foule d'autres usages qu'on assure lui avoir déjà trouvés.

Ainsi tout le monde paraît aujourd'hui s'accorder à reconnaître que le sorgho est un excellent fourrage vert, mais jusqu'à présent, à ma connaissance du moins, il n'a été publié aucune analyse d'où l'on puisse conclure avec probabilité sa valeur comme fourrage comparé aux autres fourrages ordinaires, et ses exigences, déduites de sa composition même, afin de marquer la place qu'on pourrait lui assigner dans les assolements, si sa culture venait à s'étendre sur une échelle un peu considérable.

J'ai profité de l'obligeance de M. le comte de Guernon-Ranville pour compléter mes études sur cette intéressante question, et pour déterminer, au moins approximativement, et par comparaison, la valeur alimentaire probable du sorgho dans ses différentes parties et dans ses différents états.

Voici en peu de mots les principaux résultats de cette étude, en les rapportant à un kilogramme de matière complétement desséchée à l'étuve :

	Azote par kilogramme.	Phosphates évalués en phosphate de chaux des os.
Fourrage de la première coupe (récolté fin juillet)	21^g,3	18^g,356
Fourrage de la deuxième coupe (commencement de novembre).	24 ,9	16 ,435
Tiges portant des graines en partie développées, après séparation du panicule.	10 ,7	9 ,688
Feuilles des tiges précédentes.	24 ,0	11 ,555
Tiges effeuillées.	6 ,5	9 ,496
Graines, provenant d'une autre source.	16 ,3	7 ,321

La moyenne du rendement du fourrage vert en matière complétement privée d'humidité me paraît pouvoir être évaluée à 30 pour 100, tout aussi bien pour le sorgho coupé à 60 ou 70 centimètres, que pour le sorgho parvenu presque à la limite de son développement.

On se rendra compte de ce résultat, un peu inattendu peut-être, en se rappelant que si, dans le premier cas, la tige est moins ligneuse et les organes foliacés relativement plus abondants, les tiges contiennent, par compensation, vers la limite de leur développement, une plus grande quantité de jus sucré assez aqueux.

Nous serons donc bien près de la vérité en admettant que le sorgho se compose, à toutes les époques où il peut être consommé comme fourrage frais, de 30 pour 100 de substances sèches et de 70 pour 100 d'eau [1].

En partant de ces nombres nous trouvons, pour la richesse du sorgho, à l'état frais, les résultats suivants :

	Azote par kil. de fourrage vert fraîchement coupé.
1re coupe (fin juillet). . . .	6g,4
2e coupe (commencement de novembre).	7 ,5
Sorgho presque mûr. . . .	3 ,2

Lorque le sorgho est coupé plusieurs fois, il est possible de le tranformer en fourrage fané susceptible d'une bonne conservation ; il en serait de même des feuilles des tiges mûres, dans les pays où cette plante

---

[1] Du moins ces nombres peuvent être admis pour une année sèche comme 1858.

sera cultivée pour en extraire du sucre ou de l'alcool.

Il me paraît difficile de faire descendre au-dessous de 20 pour 100 la proportion d'humidité que retiendra le sorgho fané, du moins dans nos départements du Nord-Ouest ; en admettant cette proportion d'eau comme normale, la richesse en azote du fourrage fané serait ainsi représentée dans nos essais :

Azote par kilogramme
de fourrage fané.

1ʳᵉ coupe (fin juillet).	17grammes.
2ᵉ coupe (commencement de novembre).	19,9
Feuilles des tiges mûres.	19,2

Si nous comparons maintenant, au point de vue de leur richesse en azote, le sorgho et nos principaux fourrages usuels, nous sommes conduits aux conséquences suivantes :

Comme fourrage fané, le sorgho ne connaît pas de supérieur parmi nos fourrages ordinaires ; à l'état vert et frais, lorsqu'il est soumis à des coupes multiples, il est notablement supérieur à la plupart de nos plantes de prairies artificielles ou naturelles, qui dosent rarement plus de 5ᵍ,5 ou 6 grammes d'azote par kilogramme. Les feuilles séparées des tiges mûres, moins aqueuses, seraient encore plus riches.

Ces feuilles, qui représentent 9 et 1/4 pour 100 du poids des tiges entières, constitueraient, pour un rendement de 100 000 kilogrammes par hectare, plus de 9 000 kilogrammes d'un excellent fourrage, l'équivalent d'une bonne récolte de sainfoin ; et comme à l'état frais elles ne contiennent alors guère plus de 50 pour 100 d'eau, elles se placeraient à côté du foin normal fané de nos prairies naturelles.

Enfin les tiges très-avancées en maturité, convenablement préparées, doivent constituer encore un aliment comparable, s'il n'est supérieur, à poids égal, aux carottes et aux betteraves.

Si nous rapprochons tous ces résultats de ceux qu'on obtient des prairies artificielles, et si nous tenons en outre compte des rendements de part et d'autre, nous voyons que ce n'est pas sans raison que le public agricole s'est ému en présence d'avantages aussi séduisants que la qualité et la quantité. Mais voyons maintenant à quel prix peuvent s'obtenir de si beaux succès; en d'autres termes, quelles sont les exigences générales et spéciales du sorgho.

Et d'abord, comme le moha, le sorgho redoute beaucoup les gelées tardives du printemps, et les froids hâtifs de l'automne.

Si nous nous reportons, par la pensée, aux résultats analytiques cités page 124, nous trouvons :

1° Que notre première coupe représente :

En matière sèche. . . . . . . 6000$^{kil.}$ par hect.

En azote combiné. 127,8

En phosphate de chaux. . . . 110,1

2° Que la seconde coupe renferme :

En matière sèche. 3516,0

En azote combiné. 87,5

En phosphate de chaux. . . . 58,0

3° Enfin que la récolte de sorgho presqu'entièrement développé représente :

En matière sèche. 23700,0

En azote combiné. 253,6

En phosphate de chaux. . . . 229,0

C'est-à-dire que, dans le premier cas, les deux coupes ont dû s'approprier, en moins de sept mois, 215 kilogrammes d'azote combiné, et l'équivalent de 168 kilogrammes de phosphate de chaux par hectare. **La récolte de sorgho presqu'entièrement développée a exigé plus de 253 kilogrammes d'azote et 229 kilogrammes de phosphate.**

Or, si nous comparons cette consommation d'azote et de phosphates à celle que l'analyse chimique attribue à une bonne récolte de blé (79 kilogrammes d'azote et 69 de phosphates), nous trouvons que, dans les conditions où nous nous sommes placés, le sorgho exige *près de trois fois autant d'azote et de phosphates qu'une bonne récolte de blé* (paille et grains réunis).

Les exigences sont encore plus grandes si, au lieu de couper le sorgho avant qu'il ait atteint la hauteur d'un mètre, on lui laisse acquérir à peu près tout son développement.

Dans le cas où la graine parviendrait à maturité, en admettant un rendement de 35 hectolitres à l'hectare, et 60 kilogrammes pour le poids de l'hectolitre, comme la graine de sorgho renferme, à l'état normal, $13^g,7$ d'azote par kilogramme, et l'équivalent de $6^g,15$ de phosphate de chaux, il faudrait encore ajouter aux nombres précédents, pour représenter la récolte de graines, $28^{kil},8$ d'azote et $12^{kil},9$ de phosphates.

Le sorgho, pour donner de beaux produits, doit donc exiger une terre très-fertile, et doit l'épuiser d'autant plus énergiquement que la récolte a été plus vigoureuse et plus abondante.

Quand on songe que le blé est déjà considéré comme une plante épuisante, on est malgré soi conduit à de sérieuses réflexions, en voyant que *l'épuisement occa-*

*sionné par une bonne récolte de sorgho correspond à l'é-
puisement causé* NON PAR UNE, *mais* PAR TROIS *bonnes
récoltes de froment.*

En présence de ce seul fait, et sans nous préoccuper de chances d'insuccès qui peuvent être dues aux
gelées tardives auxquelles cette plante est très-sensible,
il nous paraît difficile d'admettre que la culture du sorgho soit appelée à prendre une extension rapide et
considérable.

Le prélèvement d'azote qu'elle exerce sur le sol correspond à 16 ou 1 800 kilogrammes de bon guano, dépense qui, jointe à celle du loyer de la terre et aux
autres frais, rendrait, dans beaucoup de cas, la spéculation peu avantageuse.

Mais il est un autre point de vue non moins sérieux,
sur lequel nous croyons devoir appeler l'attention des
agronomes et des cultivateurs.

Quelle place attribuera-t-on à la culture du sorgho
dans les assolements ? Devra-t-il, comme plante sarclée, précéder une céréale ? Mais il suffit d'examiner
ses racines pour reconnaître qu'il doit tirer, de la
couche même où puisent habituellement les céréales,
l'énorme proportion de phosphates et de matières azotées qui paraissent nécessaires à son développement.
A ce point de vue, il nous paraît difficile de fonder
sur de pareilles bases le succès d'une récolte de céréales.

Ne perdons pas de vue que nous ne considérons ici
le sorgho que comme plante fourragère, et à ce titre
il ne satisfait nullement aux conditions fondamentales
que nous cherchons à remplir autant que possible dans
la culture des prairies artificielles.

En effet, les plantes de grande culture les plus recommandables auxquellés nous demandons la plus grande partie de nos fourrages (trèfle, sainfoin, luzerne), après avoir produit des masses considérables de matières alimentaires pour nos animaux, loin de laisser nos terres impropres à la culture avantageuse du blé, laissent, par leurs racines et leurs débris foliacés, de nouveaux éléments de fécondité dans la couche supérieure du sol, qui peut alors produire une ou plusieurs récoltes sans engrais. Au lieu de faire, comme le sorgho, concurrence aux céréales en absorbant une partie des engrais destinés à ces dernières, les plantes dont il s'agit vont chercher, dans les couches profondes du sol, des matières fertilisantes qui, sans l'énergique activité de leurs racines, seraient restées improductives pour le cultivateur.

En un mot, nous pensons que le sorgho, malgré son rendement considérable, malgré sa haute valeur comme fourrage, n'est pas encore appelé à figurer *économiquement*, et *sur une grande échelle*, dans la production alimentaire destinée au bétail, parce qu'il est très-épuisant, et qu'il est assez difficile de lui assigner une place rationnelle dans nos assolements.

C'est à la pratique éclairée qu'il convient maintenant de décider en dernier ressort si ces prévisions théoriques sont suffisamment fondées.

CHAPITRE X.

MOUTARDE.

La moutarde blanche [1] est cultivée en France comme plante fourragère de puis un demi-siècle environ. Elle est connue encore sous les noms de *moutardon*, *d'herbe au beurre*.

Cette plante, qui s'élève à environ 60 à 65 centimètres, végète rapidement lorsqu'elle se trouve en terrain convenable, et fleurit souvent au bout de six semaines de semis.

Elle n'est pas très-difficile sur le choix des terrains, cependant, ceux qui paraissent lui convenir le mieux sont les sols argilo-calcaires, silico-calcaires, et les sols d'alluvion un peu profonds.

Lorsque la moutarde est semée en bonne terre, elle peut fournir de 15 à 25 000 kilogrammes de fourrage vert, contenant de 4 grammes à 4 grammes trois quarts d'azote par kilogramme, suivant la taille de la plante et son développement plus ou moins avancé. Elle ne produit qu'une seule coupe, qui est fauchée quand la récolte s'en fait en grand, et souvent arrachée dans la petite culture.

La moutarde se sème depuis le commencement de juillet jusqu'à la fin d'août, à la volée, le plus souvent en récolte dérobée. Elle se récolte successivement lorsqu'elle commence à fleurir, depuis la fin d'août jus-

[1] *Sinapis alba.*

qu'aux premières gelées, auxquelles cette plante est très-sensible.

En échelonnant convenablement les semis de quinzaine en quinzaine, en juillet et août, sa récolte peut donner pendant deux mois, en septembre et octobre, un fourrage vert dont les vaches laitières s'accommodent assez volontiers, mais qui ne devrait pas constituer leur aliment exclusif, parce qu'il est trop laxatif, et qu'il ferait contracter au beurre un goût âcre susceptible d'en diminuer la qualité.

Cette plante, lorsqu'elle réussit bien, doit appauvrir considérablement le sol, malgré le peu de temps qu'elle l'occupe. En effet, si nous admettons un rendement de 20 000 kilogrammes par hectare, comme chaque kilogramme contient, moyennement, $4^{gr},5$ d'azote combiné, la récolte entière doit prélever sur le sol, dans l'espace d'environ deux mois et demi, l'énorme quantité de 90 kilogrammes d'azote, c'est-à-dire plus qu'une bonne récolte de blé. C'est assez dire que l'on compromettrait gravement le succès d'une récolte de céréales en la faisant précéder d'une récolte jachère comme la moutarde, à moins de fournir à cette dernière une *très-forte fumure* à l'aide d'un engrais facilement assimilable, pour subvenir aux exigences de son rapide développement.

TUBERCULES

ET RACINES FOURRAGÈRES.

L'extension de la culture de ces plantes à modifié profondément l'économie agricole des régions où elle s'est développée sur une échelle importante.

La réussite de ces cultures exige d'abondantes fumures, sous l'influence desquelles s'est améliorée la nature du sol qui leur a été consacré ; elles demandent des sarclages répétés qui mettent le sol dans un état d'ameublissement et de propreté favorables à la bonne venue des céréales qui leur succèdent.

La culture des racines, en augmentant la masse des aliments disponibles pour le bétail, a permis au cultivateur d'augmenter la population de ses étables, et d'en tirer un plus grand profit par une meilleure alimentation ; l'accroissement du bétail a conduit à l'accroissement de la masse des fumiers ; l'augmentation des profits a permis d'ajouter aux engrais de la ferme, devenus insuffisants par une culture plus intensive et plus épuisante, une plus grande quantité d'engrais supplémentaires fournis par le commerce.

En général, toutes ces plantes à racines charnues et volumineuses peuvent se conserver fraîches, sans grands frais, longtemps après la récolte, ce qui permet de continuer, pendant l'hiver, pour le bétail de rente, un régime alimentaire dans lequel figure toujours, au moins pour une partie, la nourriture verte qui semble être pour ces animaux le régime normal le mieux approprié à leur nature.

Par la cuisson, par des mélanges convenablement assortis, on est parvenu, dans beaucoup de cas, à augmenter encore les bons effets de cette nature d'aliments.

Nous n'avons pas l'intention d'épuiser la liste des plantes de cette sorte ; nous nous bornerons à signaler les plus importantes, en indiquant les circonstances les plus saillantes de leur culture. Telles sont la *pomme de terre*, le *topinambour*, le *rutabaga*, le *turneps*, la *carotte* et la *betterave*.

CHAPITRE PREMIER.

POMME DE TERRE.

Cette plante est un des plus riches présents que nous ait faits le nouveau monde. Elle figure avec avantage dans l'alimentation du bétail, et nous la voyons paraître sur nos tables sous une foule de formes sous lesquelles elle est toujours acceptée avec plaisir. Enfin, nous en retirons encore des produits spéciaux importants et variés, comme la *fécule*, des *matières sucrées*, de l'*alcool*.

L'extension de sa culture a exercé une immense influence sur la prospérité matérielle de certains pays, et ce n'est pas sans raison que M. de Gasparin attribue l'effrayante détresse qui a pesé sur l'Irlande il y a quelques années, à ce que les Irlandais s'étaient habitués à faire de la pomme de terre la base presque exclusive de leur nourriture. La pomme de terre est venue à manquer, et comme on avait presque tout sacrifié à sa culture, il ne s'est plus rien trouvé pour la remplacer. C'est qu'en agriculture les excès ont une portée incalculable, et qu'il n'y a réellement de succès durables que ceux qui sont fondés sur une convenable variété dans les produits.

La pomme de terre peut prospérer partout où peut mûrir l'avoine ; cependant les climats tempérés sont ceux qui lui conviennent le mieux. Elle n'aime ni l'extrême sécheresse, ni l'extrême humidité. Les terrains les plus convenables pour sa bonne réussite sont les terres à la fois légères et substantielles, comme le sont les sols argilo-calcaires et calcaires siliceux, pourvu qu'ils aient de la profondeur et soient bien ameublis. Dans les terrains secs, les produits sont moins abondants, mais plus savoureux que dans les terrains frais, et MM. Payen et Chevalier ont constaté, depuis longtemps, que le produit des terrains humides peut contenir 4 à 12 pour 100 d'eau de plus que celui des terrains secs, toutes choses égales d'ailleurs.

On connaît et l'on cultive de nombreuses variétés de pommes de terre ; les unes, plus savoureuses, sont plus spécialement destinées à l'alimentation de l'homme ; les autres, plus productives, sont ordinairement consacrées à la nourriture du bétail ou à l'industrie.

La pomme de terre contient, en moyenne, 70 à 80 pour 100 de son poids d'eau, et 15 à 20 pour 100 de fécule. On est porté à croire qu'elle a dégénéré depuis 35 ans, parce que Vauquelin y avait trouvé alors jusqu'à 28 pour 100 de fécule.

Les produits de la culture de la pomme de terre sont

susceptibles de varier dans des limites assez étendues, depuis 180 jusqu'à plus de 400 hectolitres, suivant la nature et la richesse du sol, et suivant les circonstances météorologiques ; le rendement moyen actuel, dans de bonnes conditions, paraît compris entre 250 et 300 hectolitres, ou, en poids, entre 20 et 30 mille kilogrammes. M. Heuzé évalue au tiers la diminution de rendement causée par la maladie qui, depuis une quinzaine d'années, a exercé sur ce genre de récolte une si désastreuse influence, et qui, fort heureusement, paraît aujourd'hui diminuer d'intensité.

Les expériences faites par Anderson, Bergier, Villeroy, paraissent avoir démontré, d'une manière irrécusable, que le produit est d'autant plus abondant que les tubercules plantés sont plus volumineux.

Les pommes de terre produisent par hectare environ 6 à 7 mille kilogrammes de fanes fraîches que l'on a essayé quelquefois d'utiliser comme fourrage vert ; mais, outre que ces fanes constituent un assez médiocre aliment, leur soustraction, surtout lorsqu'elle est faite de bonne heure, peut nuire d'une manière très-prononcée au développement des tubercules ; aussi cette pratique ne s'est-elle pas généralisée, et les fanes restent ordinairement sur le sol, dont elles diminuent l'épuisement, en lui restituant par leur décomposition les principes fertilisants qu'elles contiennent.

La culture des pommes de terre est tout à la fois exigeante et épuisante, et il suffit, pour s'en convaincre, de se reporter à leur composition chimique. La pomme de terre contient de 4 à 5 grammes d'azote combiné par kilogramme, soit $4^{gr},5$; en admettant un rendement moyen de 25 000 kilogrammes par hectare, une récolte de pommes de terre prélèverait donc, sur le sol qui la produit, vingt-cinq mille fois 4 grammes et demi d'azote, c'est-à-dire plus de 112 kilogrammes, environ 42 pour 100 de plus qu'une récolte de froment. La pomme de terre contient encore l'équivalent d'environ 2^{gr}·387 de phosphates, ce qui représente près de 60 kilogrammes pour la récolte entière.

Le poids de fécule contenue dans une récolte de pommes de terre est au moins triple du poids de l'amidon que renferme une récolte de blé ; dans les deux récoltes, on trouve à peu près la même quantité de matières grasses.

Nous voyons que si la pomme de terre prélève sur le sol une plus grande proportion de principes fertilisants, elle produit, sur la même surface, une plus grande masse de matières nutritives que le blé. C'est la constatation pratique de ce fait qui peut nous expliquer en partie l'extension que prenait sa culture avant l'invasion de la maladie qui est venue jeter l'alarme chez les producteurs.

Considérée comme substance alimentaire pour le bétail, la pomme de terre paraît destinée à céder la place à la betterave, qui a, entre autres avantages, celui de se conserver plus longtemps.

Mathieu de Dombasle avait constaté que la cuisson augmente la valeur alimentaire de la pomme de terre.

Parmi les insectes que redoute le plus la pomme de terre, on doit citer en première ligne la *courtilière* et le *ver blanc*.

CHAPITRE II.

Topinambour (*helianthus tuberosus*).

Les racines du Topinambour sont vivaces et ses tiges meurent chaque année, il résiste aux froids de l'hiver, supporte les grandes sécheresses, et peut se reproduire perpétuellement sur le même champ, tant qu'il reste des tubercules en terre.

De toutes les plantes cultivées pour leurs racines ou pour leurs tubercules, il n'en est aucune qui réussisse mieux que le Topinambour sur les sols pauvres et médiocres ; cependant, il est à peine besoin d'ajouter que l'abondance de ses produits est toujours en rapport avec la fertilité du sol auquel on le confie, et avec les soins qu'on lui donne.

Le Topinambour s'accommode de tous les sols, pourvu que l'humidité ne soit pas retenue en trop grande abondance par une couche imperméable située à une faible profondeur ; les sols calcaires sont ses terrains de prédilection, et il ne redoute pas les endroits ombragés.

Le Topinambour produit, en moyenne, 300 à 350 hectolitres de tubercules ; M. Boussingault en a récolté plusieurs fois plus de 400 hectolitres. Le rendement peut s'élever, dans des circonstances exceptionnelles, jusqu'à 750 hectolitres, mais aussi on le voit quelquefois descendre à 100 hectolitres par hectare.

On peut faire consommer par les bêtes à laine et par les bêtes à corne les tiges vertes du Topinambour, lorsqu'elles ne sont encore que semi-ligneuses ; mais cette pratique a pour effet certain de diminuer la récolte des tubercules, et le plus ordinairement on se borne à enlever ces tiges au moment où les feuilles jaunissent ; les animaux peuvent encore manger les feuilles, et les tiges ainsi dépouillées peuvent être alors employées comme combustible. M. Boussingault évalue le poids des tiges mûres à un peu plus de la moitié (53 pour 100) du poids des tubercules.

Les tubercules du Topinambour contiennent à peu près la même proportion d'eau et de matière azotée que la Pomme de terre, 78 à 79 pour 100 d'eau, et 3 grammes et demi d'azote par kilogramme [1].

On pourra se faire une idée des exigences de cette récolte en se rappelant que, d'après les analyses de M. Boussingault, elle prélève en deux ans, par ses tiges et par ses tubercules, près de 275 kilogrammes d'azote, soit par année environ 138 kilogrammes par hectare.

Le Topinambour prélève encore sur le sol qui le produit, par ses tiges et par ses tubercules, environ 62 à 65 kilogrammes de phosphates.

[1] On y a trouvé aussi 14 à 15 parties de matière sucrée. (Heuzé, *Plantes fourragères*, p. 159.)

CHAPITRE III.

NAVETS, TURNEPS (*Brassica napus, Brassica rapa*).

On cultive aujourd'hui un assez grand nombre de
variétés de navets, parmi lesquelles il convient de citer
d'une manière toute particulière le *Turneps*, qui se
distingue des navets ordinaires en ce qu'au lieu d'avoir
une racine allongée, fusiforme, il a une forme globu-
laire, aplatie, qui rappelle celle du radis commun.

Le Turneps est intéressant par l'extension que sa
culture a prise en Angleterre et dans certains départements de l'ouest.

Il était autrefois cultivé en France sous le nom de
rave ou de *navet rave*, et nous est revenu plus tard
d'Angleterre sous le nom de Turneps.

Cette plante demande, pour végéter vigoureusement, un sol un peu frais, mais bien égoutté, susceptible d'ameublissement, et convenablement pourvu de
principes calcaires ; cependant les terrains exclusivement calcaires ne lui conviennent pas, et il s'accommode beaucoup mieux des sols siliceux amendés par
un marnage ou par un chaulage convenable.

Moins exigeant que la Betterave, le Turneps ne peut
cependant donner un rendement considérable que s'il
a été confié à une terre fertile et bien fumée ; il peut
alors produire des récoltes de 35 à 40 000 kilogrammes par hectare, qu'on a vu s'élever, exceptionnellement, jusqu'à 100 ou 120 mille kilogrammes.

Nulle part les Turneps ne se conservent aussi bien qu'en terre, lorsque les hivers ne sont pas trop rigoureux, et c'est sur cette propriété qu'est fondé l'usage presque général en Angleterre de les faire consommer sur place par les bêtes à laine.

La proportion des feuilles est, suivant M. Heuzé, d'environ 30 à 40 pour 100 du poids des racines.

Le Turneps est plus riche en matière azotée que la plupart des autres navets, car il contient 2 grammes et demi d'azote par kilogramme, tandis que les navets ordinaires n'en contiennent guère que la moitié.

Suivant M. Lecorbeiller [1], les feuilles de navets contiennent environ 78 pour 100 d'eau, et un peu plus de 5 grammes d'azote par kilogramme.

Si, à l'aide de ces données diverses, nous calculons la proportion d'azote que les principes fertilisants du sol doivent fournir à une pareille culture, nous trouvons que cette proportion doit s'élever à environ 120 kilogrammes, en admettant un rendement comme celui que nous avons précédemment cité.

CHAPITRE IV.

RUTABAGA *ou navet de Suède* (*Brassica campestris Rutabaga.*)

Cette plante se distingue des navets ordinaires en ce que sa racine est jaune, arrondie, presque sphérique, et c'est parce qu'elle résiste bien au froid qu'elle avait depuis longtemps attiré l'attention des cultivateurs du Nord.

[1] Heuzé, *Plantes fourragères*, p. 75.

En Angleterre, le Rutabaga est le plus souvent consommé sur place, dans un parc, par les moutons. Seulement il convient de le butter fortement à l'approche de l'hiver. Il peut alors supporter, sans geler, un froid de 2 ou 3 degrés au-dessous du zéro du thermomètre. Autrement, le Rutabaga s'arrache en novembre et se conserve de la même manière que la Betterave.

« Le Rutabaga, dit M. de Gasparin [1], est la plante par excellence des climats brumeux et pluvieux, pourvu que le sol qui le porte soit suffisamment assaini. »

Il en existe plusieurs variétés dont la composition chimique moyenne est peu différente.

Le rendement varie entre 40 et 75 mille kilogrammes de racines par hectare, et 12 à 20 mille kilogrammes de feuilles.

Suivant M. de Gasparin, la racine contient 91 pour 100 d'eau et $1^{gr},7$ d'azote par kilogramme; la feuille, verte et fraîche, $2^{gr},8$ d'azote par kilogramme.

Si nous calculons, à l'aide de ces données, les exigences probables du Rutabaga, nous trouvons qu'en admettant une récolte composée de 50 mille kilogrammes de racines et de 16 mille kilogrammes de feuilles, cette récolte aura dû emprunter au sol, par ses racines, 85 kilogrammes d'azote par hectare, et par ses feuilles 45 kilogrammes, en tout 130 kilogrammes; c'est-à-dire, qu'on ne peut espérer une bonne récolte de Rutabagas qu'à la condition de lui consacrer *beaucoup* d'engrais.

[1] *Cours d'agriculture*, t. IV. p. 125.

CHAPITRE V.

CAROTTE (*Daucus Carotta*).

Connue depuis les temps les plus reculés, la culture de la Carotte tend à prendre de l'extension depuis quelques années.

Plus difficile à élever que la betterave, dans les premiers temps de sa végétation, elle demande, comme cette dernière, des terrains riches, meubles et profonds.

Il existe un grand nombre de variétés de Carottes, dont chacune a ses qualités : la *rouge longue*, une des plus anciennement connues, donne des produits avantageux par leur abondance et leur qualité; il en est de même de la *jaune longue*. Dans un sol convenable et fertile, la *blanche à collet vert*, introduite en France par Vilmorin, est la plus productive.

La Carotte est très-avide d'engrais, très-épuisante; la profondeur à laquelle parviennent ses racines lui permet de résister à la sécheresse; mais lorsque l'été est très-sec, son accroissement se ralentit jusqu'aux premières pluies d'automne, sous l'influence desquelles elle prend tout à coup un développement rapide qui se continue jusque vers la fin d'octobre.

La Carotte donne un produit moins abondant que celui de la Betterave et plus difficile à arracher, si le sol n'est pas très-meuble. Elle peut être effeuillée, comme la betterave, vers la fin de septembre, sans que la récolte de racines en soit notablement diminuée, si l'on à soin de n'enlever que les feuilles infé-rieures, mûres, qui commencent à jaunir un peu.

La Carotte, qui ne doit rester que quelques mois en terre, demande des fumiers décomposés ou des engrais pulvérulents actifs, et donne, dans tous les cas, des produits qui sont généralement en rapport avec les sacrifices qu'on a faits pour les obtenir.

On récolte couramment 25 à 30 mille kilogrammes de racines, et quelquefois 60 à 70 mille kilogrammes et au delà. Mais on peut considérer comme une bonne moyenne un produit de 40 à 50 000 kilogrammes par hectare, représentant 550 à 700 hectolitres.

Les récoltes les plus abondantes que l'on ait citées jusqu'à ce jour se sont élevées à 75 et 83 mille kilo-grammes. La première a été obtenue à Martinvast (Manche), par le général Dumoncel; la seconde à Gri-gnon, par M. Bella.

Les insectes les plus nuisibles à la Carotte sont la *limace grise*, la *courtilière* et le *ver blanc*.

La proportion des feuilles s'élève, suivant Schwertz, à 35 pour 100 du poids des racines, tandis que les expériences faites à Grignon n'ont donné que 20 pour 100. Le poids total des feuilles récoltées sur un hectare serait représenté, suivant le premier observa-teur, par 12 000 kilogrammes, tandis que les résultats obtenus à Grignon n'ont donné que 7 à 8 mille kilo-grammes.

La moyenne de plusieurs variétés a donné à M. Payen 85 à 87 pour 100 pour la proportion d'eau contenue dans la Carotte, et les analyses de M. Boussingault portent à 2 grammes 7 décigrammes la proportion d'azote com-biné contenu dans les racines, et à 5 grammes 2 déci-grammes celle que renferment les feuilles fraîches.

La Carotte contient aussi une assez notable proportion de matière sucrée qui la fait rechercher avec plus de plaisir par les animaux.

En admettant donc un rendement de 40 mille kilogrammes de racines et de 8 000 kilogrammes de feuilles, on trouve, par un calcul fort simple, qu'une pareille récolte. demande au sol l'équivalent de 108 kilogrammes d'azote pour ses racines, et de 42 kilogrammes pour les feuilles, *en tout 150 kilogrammes d'azote par hectare.*

Ce n'est donc pas sans raison que nous considérions la Carotte comme une plante *épuisante* et *exigeante.*

CHAPITRE VI.

BETTERAVE.

De toutes les plantes cultivées dans nos régions tempérées, il en est peu qui, depuis un demi-siècle, et surtout dans ces derniers temps, aient attiré aussi vivement l'attention que la betterave, à raison de l'importance des produits qu'en ont su tirer la science et l'industrie.

Cependant la culture de la Betterave, comme matière première pour l'extraction du sucre et pour la fabrication de l'alcool, est encore très-circonscrite, tandis que la culture de cette plante comme aliment destiné au bétail gagne chaque jour du terrain.

« C'est qu'en effet, comme le remarque avec raison

« M. de Gasparin [1], la Betterave fournit, par ses feuil-
« les, depuis le milieu d'août jusqu'à la fin d'octo-
« bre, et même au-delà, un précieux et abondant con-
« tingent de fourrage vert pour la race bovine, préci-
« sément à l'époque où, dans les pays secs, les regains
« des prairies artificielles commencent à faire défaut.
« La Betterave elle-même, un peu plus tard, vient
« clore le cercle des combinaisons de nourriture verte
« qui commence avec la pousse des herbes. L'on peut
« dire, en un mot, que le précieux concours de la Bet-
« terave permet de ne pas interrompre un seul jour,
« dans la ferme, la nourriture au vert, au grand avan-
« tage des produits et de la santé des animaux. »

Mieux que la plupart des autres racines, la Betterave
réussit sous des climats très-différents, pourvu que des
gelées précoces ou tardives ne viennent pas l'attaquer
pendant le cours de sa végétation. Elle peut être cultivée dans presque toutes les parties de la France; cependant sa réussite est plus régulièrement assurée dans
le nord que dans le midi.

La Betterave aime les terres fertiles et substantielles, les sols profonds, ameublis, susceptibles de conserver pendant l'été un peu de fraîcheur pour entretenir le développement de la plante. Elle réussit ordinairement dans les bonnes terres à blé. Sur les sols
maigres, arides, sans profondeur, elle donne des produits qui ne paient pas toujours les frais qu'on leur a
consacrés; cependant, on obtient quelquefois, dans
des terres peu profondes, des résultats satisfaisants,
lorsqu'on cultive la Betterave sur *billons*.

[1] *Cours d'Agriculture*, t. IV, p. 87.

Cette plante demande beaucoup d'engrais, et surtout des engrais consommés et actifs, à cause du peu de temps que dure sa végétation ; avec les fumiers trop pailleux, elle donne de moins bons résultats.

La Betterave doit être semée en lignes, pour faciliter les binages et les sarclages qui en aident beaucoup la réussite, et l'espacement des lignes varie suivant la fertilité du sol.

On a obtenu des résultats satisfaisants par la transplantation, en semant en pépinière sur des espèces de couches très-riches en engrais, mais cette pratique demande des soins particuliers qui se sont opposés jusqu'ici à son extension.

On cultive comme fourrage un assez grand nombre de variétés de Betteraves, dont le rendement et la valeur alimentaire présentent quelques notables différences. On peut admettre, comme rendement moyen, le chiffre de 40 à 45 000 kilogrammes par hectare, mais ce chiffre est quelquefois doublé.

M. *Bodin* a obtenu, dans l'Ille-et-Vilaine, 100 000 kilogrammes, et M. *Anceau* a récolté en 1858, malgré la sécheresse, de 90 à 100 mille kilogrammes à l'hectare dans le département du Loiret.

M. *Manoury* s'est livré, dans la plaine de Caen, à une suite d'essais ayant pour but de comparer, sous le rapport de leurs qualités, les principales variétés de Betteraves, placées, chaque année, dans les mêmes conditions de sol, de fumures, de soins divers et de cultures antérieures ; il a trouvé ainsi les résultats suivants, rapportés à l'hectare, en soumettant les Betteraves à deux ou trois effeuillaisons modérées :

	Racines.	Feuilles.
Betterave blanche de Silésie	kil.	kil.
à collet vert. . .	85 000	24 500
— globe jaune. . . .	75 000	19 500
— disette (moyenne de plusieurs variétés). .	54 000	18 000
— globe rouge. . . :	47 800	17 000
— jaune longue. . . .	45 800	13 500
— plate d'Allemagne. .	35 000	13 500 [1]

Schwertz indique, pour le rapport du poids des feuilles à celui des racines, le rapport de 25 à 100 ; M. Boussingault, pour des Betteraves de la variété connue sous le nom de *disette*, qui n'avaient pas été effeuillées avant l'arrachage, porte ce rapport à 40 pour 100, et M. Girardin à 100 pour 100. La moyenne des résultats observés à Grignon donne 32 pour 100, et dans les essais de M. Manoury, ce rapport oscille entre 26 et 40, suivant les variétés ; il est, en général, d'autant plus faible que les racines sont plus grosses.

Lorsqu'on soûmet à l'analyse ces diverses variétés de betteraves on trouve que, considérées à l'état normal, entières et effeuillées, au moment de l'arrachage, elles pourraient être classées dans l'ordre suivant, par rapport à la proportion de matières azotées qu'elles renferment, à poids égal [1] :

[1] Is. Pierre, *Recherches analytiques sur la Betterave.*
[2] Id.   *Ibid.*

	Azote par kil. de racines.
Betterave jaune longue.	2, 5
— globe rouge.	2 ,5
— globe jaune.	2 ,3
— globe blanc ou plate d'Allemagne. . . — . . .	2 ,2
— disette.	2 ,1
— blanche de Silésie à collet vert.	2 ,0

La Betterave jaune longue, dit M. de Gasparin, est la plus estimée des nourrisseurs, et la globe jaune est supérieure, comme aliment pour le bétail, à la plupart des autres variétés ; c'est-à-dire que la pratique a classé ces deux variétés, par rapport aux autres, comme nous sommes conduit à les classer nous-même d'après leur richesse en matière azotée.

Nous devons cependant faire une réserve à ce sujet, réserve qui peut avoir son importance pratique aux yeux des personnes qui suivent ces cultures avec intérêt.

Les nombres que nous venons de donner comme représentant la proportion d'azote contenue dans les différentes variétés de betteraves dont il est ici question, ne s'appliquent rigoureusement qu'à des récoltes produisant des rendements comme ceux que nous avons cités. *Si les betteraves étaient moins volumineuses*, elles contiendraient, à poids égal, une plus forte proportion de matières azotées, proportion *d'autant plus forte que les Betteraves seraient plus petites ;* ainsi j'ai trouvé, dans la variété jaune longue, des betteraves de 15 à 1600 grammes contenant $2^{gr},6$ d'azote par kilogramme, tandis que des sujets de 72 grammes dosaient près de 4^{gr},5 d'azote par kilogramme. De même, dans la variété globe jaune, j'ai trouvé, dans des racines pesant 2 012 grammes, 1^{gr},8 d'azote, tandis que des racines de 31 grammes en contenaient 4^{gr},5 par kilogramme.

Dans toutes ces variétés, *la partie supérieure*, qui avoisine le collet et qui comprend le bourgeon terminal après l'enlèvement des feuilles, est *beaucoup plus riche en azote* que le reste de la racine, et la différence s'élève, en moyenne, à environ 100 pour 100. Lorsque la Betterave est exclusivement cultivée comme plante fourragère, cette dernière observation ne sert qu'à constater un fait intéressant mais sans grande utilité pratique; mais quand la Betterave est destinée à l'industrie du sucre ou de l'alcool, comme cette partie de la Betterave, qui représente 9 à 10 pour 100 du poids des racines, est ordinairement retranchée et directement destinée à la consommation du bétail, il n'est pas sans intérêt de savoir que l'on donne alors aux animaux un aliment *deux fois plus riche en principes azotés* que la Betterave entière, à poids égal, bien entendu.

Si la valeur de la Betterave, comme aliment du bétail, n'est contestée par personne, la même unanimité ne se retrouve plus, chez les agronomes, pour ce qui concerne les feuilles de cette racine. Mathieu de Dombasle en avait condamné l'emploi sans l'avoir expérimenté [1]; Schwertz [2] leur attribuait une vertu purgative qui ne laissait pas d'action à l'estomac sur les principes réellement nutritifs. Des expériences rapportées

---

[1] *Annales de Roville*, t. V, p. 498.
[2] *Fourrages*, p. 24.

par M. de Gasparin [1] avaient donné, au contraire, des résultats satisfaisants, tandis que M. Boussingault avait été conduit à renoncer à l'emploi, comme fourrage, des feuilles de Betteraves, et à les laisser plutôt pourrir sur le sol pour servir d'engrais. Ce qu'il y a de certain, c'est que, depuis vingt ans, la culture fourragère de la Betterave a constamment gagné du terrain, et que l'emploi de ses feuilles pour la nourriture des vaches laitières est à peu près général.

Cet emploi, d'ailleurs, n'est pas de date récente, puisqu'autrefois on y attachait une si grande importance qu'il fut un temps où la Betterave était cultivée presque exclusivement pour en avoir la feuille [2].

Pour que l'usage de la feuille de Betterave, comme fourrage, se soit maintenu et généralisé, malgré la condamnation portée contre lui par des agronomes aussi éminents que Mathieu de Dombasle et M. Boussingault, il faut bien que la pratique y ait reconnu des avantages réels. C'est que la majorité des cultivateurs, loin de trouver que la feuille de betterave diminue la qualité du beurre, comme on l'avait annoncé, probablement sous l'influence de circonstances locales ou accidentelles, s'accordent, au contraire, pour reconnaître que, lorsqu'on fait entrer ces feuilles pour une proportion raisonnable dans la ration des vaches laitières, il y a plutôt amélioration dans la qualité et dans la quantité des produits.

La feuille de Betterave contient, en moyenne, environ 4 grammes d'azote par kilogramme ; mais ici encore il importe de faire une distinction, car les

[1] *Cours d'agriculture*, t. IV, p. 91.
[2] *Mémoires de la Société d'Agriculture de Paris*, 1789, p. 126.

feuilles d'une même Betterave sont loin d'avoir toutes la même composition.

Les feuilles les plus basses, celles qui commencent à jaunir, ne contiennent pas plus de 2 grammes 3/4 d'azote par kilogramme, tandis que la richesse des feuilles supérieures, qui occupent la région centrale du bourgeon terminal, peut s'élever jusqu'à 5^{gr},5 ou 6 grammes ; *c'est-à-dire que la valeur alimentaire doit varier plus que du simple au double,* suivant que l'on prendra les unes ou les autres exclusivement.

Les feuilles de la région moyenne contiennent de 4 grammes à 4 grammes 1/2 d'azote par kilogramme [1].

Si nous rapprochons ces résultats de ceux que nous avons indiqués précédemment au sujet des rendements, il est facile de reconnaître qu'une bonne récolte de feuilles peut représenter par hectare l'équivalent de 3 à 4 000 kilogrammes de fourrage fané. Seulement on a émis, sur les conséquences de l'effeuillaison des Betteraves, sur les avantages et sur les inconvénients de cette pratique, diverses opinions sur lesquelles nous allons nous arrêter un moment.

Plusieurs agronomes l'ont formellement condamnée en se fondant sur des expériences de Schwertz, d'après lesquelles l'effeuillaison, pratiquée une seule fois, diminuerait le rendement en racines d'environ 7 p. 100 ; suivant le même agronome, la diminution s'élèverait à près de 40 pour 100 sur la récolte des Betteraves effeuillées deux fois.

Personne n'est plus disposé que moi à rendre hommage aux travaux de l'illustre agronome allemand ; mais je suis porté à croire que l'effeuillaison, même

---

[1] Is. Pierre, *Recherches analytiques sur la Betterave.*

répétée plusieurs fois, n'a pas toujours nécessairement pour effet une diminution très-notable du produit en racines, car s'il avait fallu choisir en 1855, chez M. *Manoury*, au moment de l'arrachage, entre les Betteraves effeuillées plusieurs fois et celle qui ne l'avaient pas été, on eût été fort embarrassé, tant la différence paraissait douteuse. Cependant il n'en eût peut-être pas été tout à fait de même si le champ eût été beaucoup moins fertile.

Si l'on se proposait, à chaque effeuillaison, d'enlever la presque totalité des feuilles de la plante, celle-ci en souffrirait indubitablement ; mais si l'opération se borne à l'enlèvement des feuilles basses, déjà flétries et jaunies, dont le rôle dans la vie de la plante est à peu près terminé, cette pratique ne saurait guère nuire au développement de la racine, et nombre d'agronomes recommandent de procéder ainsi ; mais dans la pratique on a reconnu, comme nous l'avons vérifié par l'analyse, que les feuilles à demi flétries ne constituent qu'un fourrage médiocre, et l'on dépouille la racine non-seulement de ces dernières, mais encore de la plupart de ses feuilles moyennes les plus grandes et les plus extérieures ; il en résulte, outre la quantité, un accroissement réel dans la qualité du fourrage ; il en résulte encore une petite diminution de main-d'œuvre et moins de chances de froissement accidentel des racines parce qu'on les visite alors moins souvent.

La Betterave a plusieurs ennemis redoutables parmi les insectes ; nous nous bornerons à citer les plus communs, *le ver blanc* et un autre insecte beaucoup plus petit, *l'atomaria linearis*, observé pour la première fois par M. A. Bazin, il y a quelques années.

La Betterave a été envahie, dans ces dernières années, surtout dans les départements du Nord et du Pas-de-Calais, par une maladie particulière, espèce de gangrène que l'on a désignée sous le nom de *pénétration brune*. On a donné pour cause à cette maladie, étudiée avec soin par M. Payen, l'épuisement partiel du sol par rapport à certains principes constitutifs qu'on ne rendait pas en proportions suffisantes.

Si, au moyen des données fournies par l'analyse chimique, et en admettant les rendements en racines et en feuilles indiqués précédemment (page 148), nous cherchons à nous faire une idée des exigences de la Betterave, nous trouvons que les prélèvements d'azote exercés par nos variétés principales s'élèvent, par hectare, aux chiffres suivants :

	Par les racines.	Par les feuilles.	Total.
Betterave blanche de Silésie à collet vert. .	170^{kil},5	98^{kil}	268^{kil},5
— globe jaune. .	172 ,5	78	250 ,5
— globe rouge. .	119 ,5	68	187 ,5
— disette. . . .	113 ,4	72	185 ,4
— jaune longue. .	114 ,5	54	168 ,5
— globe blanc. . .	77 ,0	54	131 ,0

Il est facile de comprendre, à l'inspection de ces nombres, qu'il n'est guère permis d'obtenir sans frais une belle récolte de Betteraves, puisque la blanche de Silésie à collet vert et la globe jaune absorbent, en 5 mois, l'équivalent de *tout* l'azote contenu dans 42 à 45 mille kilogrammes de bon fumier de ferme par hectare.

La proportion de phosphates contenue dans la Betterave peut se représenter approximativement par un millième du poids de la récolte totale (racines et feuilles).

Le prélèvement exercé sur le sol, avec des rendements comme ceux qui nous ont servi de base, serait donc compris entre 50 et 110 kilogrammes de phosphates par hectare; c'est-à-dire que, sous ce rapport également, la Betterave est encore exigeante.

En résumé, ce n'est que par des engrais abondants que nous pouvons assurer le succès de nos *cultures fourragères*. Si quelques plantes paraissent faire exception à cette règle, comme la luzerne, le trèfle et le sainfoin, c'est que les racines de ces plantes peuvent aller, à de grandes profondeurs, dans le sol, puiser des principes fertilisants échappés à l'action assimilatrice des autres récoltes, et l'exception n'est qu'apparente, car l'épuisement de ces couches profondes se manifeste suffisamment par la difficulté qu'on éprouve à faire prospérer ces mêmes plantes, lorsqu'on veut les faire revenir trop souvent sur le même terrain.

La loi de RESTITUTION *est une règle commune dont on ne saurait chercher à s'affranchir sans péril.*

TOISIÈME DIVISION.

PLANTES INDUSTRIELLES.

L'accroissement général de la population, les progrès de la civilisation et du luxe, l'extension des relations commerciales avec l'étranger, en multipliant les débouchés, en créant de nouveaux besoins auxquels il fallait une satisfaction de tous les instants, ont obligé l'industrie à multiplier ses produits.

Parmi les matières premières employées sur une vaste échelle par l'industrie, il en est qui sont demandées à notre agriculture indigène qu'elles ont quelquefois modifiée profondément dans ses allures et dans ses tendances.

C'est ainsi que l'industrie demande au cultivateur ses Betteraves, pour en extraire le sucre ou pour en transformer la matière sucrée en alcool.

C'est ainsi que la pomme de terre fournit à l'industriel sa fécule, qui peut être livrée en nature à la consommation sous les formes les plus variées, ou transformée en matière sucrée connue sous le nom de Glucose, ou en produits alcooliques.

Enfin, pour ne pas multiplier inutilement les citations, la fabrication des huiles, sous l'influence de l'immense impulsion qui lui demande chaque jour de nouveaux produits, s'est adressée à son tour à l'agriculture : celle-ci a répondu à son appel par cette immense production de graines oléagineuses qui s'étend aujourd'hui comme un torrent dans tous nos départements du nord et du centre, parce que le prix élevé de la graine et sa vente immédiate au comptant ont séduit et entraîné le cultivateur.

Nous avons déjà pu nous faire une idée des exigences considérables de ces récoltes destinées à la production du sucre et de la fécule, nous verrons bientôt que celles des plantes oléagineuses sont grandes aussi. Par conséquent, il semble que l'extension de ces cultures présente pour l'avenir un danger sérieux.

Heureusement une circonstance bien remarquable vient atténuer ce danger et peut éloigner les conséquences funestes qui pourraient résulter de cette extension des cultures industrielles.

Dans le traitement des matières premières que l'agriculture met à sa disposition, l'industrie obtient une masse considérable de résidus qui peuvent être utilisés soit pour l'alimentation du bétail, soit pour l'engrais des terres ; et par un bonheur en quelque sorte providentiel, ces résidus représentent souvent comme aliment une partie considérable de la matière première, et comme engrais la presque totalité des phosphates et des matières azotées.

Il résulte de là que, *si le cultivateur a la précaution de restituer ces résidus en proportions convenables,* l'épuisement de son sol, s'il n'est pas tout à fait nul, sera du moins beaucoup plus lent.

PREMIER GROUPE.

PLANTES PROPRES A LA FABRICATION DU SUCRE OU DE L'ALCOOL. — DE LA POMME DE TERRE, DE LA BETTERAVE ET DU SORGHO, CONSIDÉRÉS COMME PLANTES INDUSTRIELLES.

Pomme de terre.

Toutes les variétés de pommes de terre n'offrent pas, à poids égal, les mêmes avantages à l'industriel.

La meilleure, la plus avantageuse pour lui, est celle qui donne la plus grande proportion de fécule. Nous empruntons à M. Payen [1] les résultats obtenus sur quelques variétés de ces tubercules, et nous allons résumer, sous forme de tableau, les rendements moyens à l'hectare, la proportion de fécule, et le produit total en fécule de chaque récolte.

Noms des variétés.	Rendement à l'hectare.	Fécule par 100 kil. de tubercules.	Fécule dans la récolte entière.
Patraque jaune..	23 000 kil.	23 kil.	5 300 kil.
Shaw d'Ecosse. .	20 000	22	4 400
Ségonzac.. . .	20 000	20,8	4 160
Sibérie. . . .	25 000	14	3 500
Tardive d'Islande.	36 000	12,3	4 310

Pour le fabricant, c'est la patraque jaune la plus avantageuse ; pour le producteur, ce serait la tardive d'Islande, du moins parmi celles dont il est ici question, pourvu que la différence de prix ne s'élevât pas à 40 pour 100.

[1] *Chimie industrielle*, p. 338.

Dans l'intérêt du produit industriel, il est important que l'extraction de la fécule se fasse le plus tôt possible après la récolte, parce que, malgré tous les soins de conservation, une partie de la fécule s'altère, et les mêmes pommes de terre qui, en fabrique, donnent 17 pour 100 de fécule en novembre, n'en donneraient plus que 15 et demi à la fin de janvier, et 13 et demi seulement à la fin de mars.

Le rendement maximum en alcool absolu, c'est-à-dire complétement privé d'eau, s'élève à peu près à la moitié du poids de la fécule sèche.

La pulpe que l'on obtient comme résidu, dans les féculeries, représente, lorsqu'elle est encore humide, mais égoutée, environ 75 pour 100 du poids des tubercules [1], mais elle est plus aqueuse, puisqu'elle ne contient que 12 à 13 pour 100 de matière sèche, et 87 à 88 pour 100 de son poids d'eau. Cependant elle est plus riche en matière azotée, à poids égal, puisqu'elle contient, par kilogramme, $5^g,2$ d'azote, tandis que la pomme de terre n'en contient pas 4 grammes.

Les résidus des distilleries de pommes de terre, c'est-à-dire des usines où l'on transforme directement la fécule en alcool, sont encore plus riches comme substances alimentaires, puisqu'ils contiennent, à poids égal, au moins *trois fois* autant de substances azotées, *six fois* autant de matières grasses et *plus de trois fois* autant de substances minérales que les pommes de terre elles-mêmes [2].

---

[1] Payen, *Chimie industrielle*, p. 346.
[2] — Même ouvrage, p. 328.

Betterave.

Toutes les variétés de Betteraves ne sont pas également propres aux usages industriels, et, sous ce rapport, c'est à la blanche de Silésie à collet rose qu'on a généralement accordé la préférence, parce qu'elle est la plus riche en sucre, et par conséquent la plus productive en alcool.

Lorsqu'elle est venue en terrain convenable, et qu'elle a été l'objet de soins intelligents, la Betterave peut contenir de 10 à 12 parties de sucre pour 100 de Betteraves épluchées, d'où l'on peut tirer 5 à 7 parties de sucre raffiné, ou 4 et demi à 6 d'alcool absolu.

Les variétés de Betteraves les plus aqueuses, parmi lesquelles se trouvent les disettes, lorsqu'elles ont végété en sol humide, ne contiennent quelquefois pas plus de 8 à 9 pour 100 de matière sèche, où se trouvent 3 et demi à 4 et demi pour 100 de sucre seulement.

La culture de la Betterave pour la fabrication unique du sucre, importante dans quelques départements du nord de la France, sera toujours nécessairement assez limitée, puisque, suivant M. de Gasparin, il suffirait de 35 000 hectares de Betteraves pour assurer la consommation de sucre de la France entière. La distillation est venue, dans ces dernières années, donner une impulsion nouvelle à l'extension des cultures de Betteraves ; mais, considérée à ce nouveau point de vue, cette extension aura sans doute aussi ses limites, qui dépendront du prix des alcools, prix dont l'abaissement peut résulter non-seulement de l'abondance des produits de la vigne, mais encore de l'extension même donnée à cette nouvelle industrie.

Nous ajouterons encore une observation au sujet de la Betterave à sucre, c'est qu'elle ne s'accommode pas de ces fumures considérables sous l'influence desquelles on obtient de si abondantes récoltes de Betteraves fourragères. Il en résulte que, pour conserver la qualité, on doit éviter de chercher à produire une trop grande quantité, ce qu'on n'a pas lieu de craindre lorsque les Betteraves sont destinées à l'alimentation du bétail.

Enfin, comme la proportion de sucre est notablement plus grande dans la partie enterrée de la Betterave que dans la partie qui sort de terre, et qu'en outre l'extraction du sucre en est plus facile, il en résulte encore que les fabricants de sucre donnent la préférence aux Betteraves qui végètent le moins hors du sol, tandis que nous avons vu que les parties des racines qui sortent de terre, généralement plus riches en matières azotées, sont préférables pour l'alimentation du bétail.

Quel que soit l'emploi industriel de la Betterave, qu'elle serve à l'extraction du sucre ou à la préparation de l'alcool, toute sa substance n'est pas utilisée pour ces usages spéciaux ; il reste une masse considérable de résidus susceptibles d'être utilisés pour la nourriture des animaux d'espèces ovine et bovine ; ces résidus, connus sous le nom de *pulpes,* soit qu'ils proviennent des sucreries ou des distilleries, ont le plus souvent, à poids égal, une valeur alimentaire supérieure ou au moins égale à celle de la Betterave elle-même, et la perte de poids, qui, dans certains procédés de distillation, ne s'élève guère à plus de 20 pour 100, est représentée par un produit d'une haute valeur, l'alcool, dont le prix dépasse de beaucoup celui qu'on pourrait attribuer à la matière alimentaire que la Betterave a perdue.

Sorgho à sucre de la Chine.

Nous avons cherché à mettre en évidence (page 121) les avantages et les inconvénients que peut offrir cette plante lorsqu'on la cultive uniquement pour la faire consommer comme fourrage.

« Comme plante à sucre, dit M. Payen [1], le Sorgho ne paraît pouvoir atteindre une maturation correspondante au maximum de sucre que dans les contrées où le maïs tardif mûrit son grain. Sa culture, à ce point de vue, viendrait se placer entre la limite méridionale de la culture profitable de la Betterave et les régions tropicales qui conviennent à la canne à sucre, et il offre peu de chances de succès dans le nord de la France, et même sous le climat de Paris.

« Une des difficultés de l'exploitation du Sorgho comme plante à sucre tient à l'inégale répartition de la matière sucrée, graduellement décroissante depuis le bas de la tige jusqu'à sa partie supérieure, parce que le maximum de sucre correspond à la maturité.

« Le jus du Sorgho est intermédiaire entre celui de la canne dont il ne possède pas l'arôme, et celui de la Betterave, dont il n'a pas l'odeur désagréable ; aussi peut-il produire des alcools à peu près exempts de mauvais goût lorsqu'ils sont distillés soigneusement. »

La richesse saccharine du Sorgho varie entre 9 et 18 pour 100, ce qui correspond à un maximum de rendement de 4 à 9 pour 100 d'alcool. Mais ces der-

---

[1] *Traité complet de la Distillation*, p. 67.

niers rendements ne pourraient guère se réaliser qu'en Algérie et dans les parties les plus favorisées du midi de la France.

Ce que dit M. Payen au sujet du produit en sucre s'applique au rendement en alcool. Ainsi M. Leplay a obtenu du Sorgho dont la graine n'avait pas eu le temps de se développer 4 et demi pour 100 d'alcool à 90 degrés centésimaux ; le Sorgho demi-mûr, dont la graine était légèrement colorée, a rendu 6 et demi pour 100, et le Sorgho complétement mûr 9 pour 100 d'alcool.

Une autre difficulté pratique, non moins sérieuse, résulte de ce que les tiges du Sorgho, une fois coupées, sont peu susceptibles d'être emmagasinées sans chances d'altérations assez rapides ; cette circonstance, en obligeant à traiter ces tiges au fur et à mesure de la récolte, ou très-peu de temps après, en restreignant considérablement la durée du travail industriel de chaque campagne, est de nature à restreindre par cela même l'extension de la culture du Sorgho dans les pays les plus favorisés.

DEUXIÈME GROUPE.

PLANTES OLÉAGINEUSES.

Les plantes oléagineuses susceptibles d'être cultivées en grand sont assez nombreuses; mais nous ne nous occuperons ici que des deux plus importantes par l'étendue actuelle de leur culture en France. Ces deux plantes sont le *Pavot œillette* et le *Colza*.

Pavot (OEillette, oliette).

Le *Pavot œillette*, la plante oléagineuse par excellence des terrains meubles, est plus particulièrement cultivé en *Flandre*, dans l'*Artois* et la *Lorraine*.

Sa culture exige beaucoup de main-d'œuvre et n'est guère possible que là où la population agricole est très-nombreuse.

Peu sensible au froid, le Pavot peut être semé dès qu'on ne craint plus les gelées. Il se sème en ligne ou à la volée, sur une terre très ameublie sur laquelle on fait ensuite passer le rouleau. Cette plante exige des sarclages et des binages soignés, et redoute les grands vents, surtout à l'approche de sa maturité.

Le rendement moyen, dans les terres qui lui conviennent, peut être évalué à 20 hectolitres de graines pesant 1 180 kilogrammes, et à 2 950 kilogrammes de tiges.

Nous pourrons nous faire une idée des exigences de cette plante par l'étude des résultats de l'analyse de ses deux principales parties, les graines et les tiges.

L'industrie extrait 350 grammes d'huile par kilogramme de graine de pavot œillette, et laisse, par conséquent, environ 650 grammes de résidu ou tourteau contenant la presque totalité de l'azote et des phosphates de la graine.

Les 1 180 kilogrammes de graine représentent donc environ 767 kilogrammes de tourteau ; comme on a trouvé dans ce dernier 63 grammes d'azote par kilogramme, la récolte entière de graine en contient $48^{kil},3$; on a trouvé de même que chaque kilogramme de tiges contient 5 grammes d'azote ; la récolte des tiges en renferme donc par hectare $14^{kil},75$, ce qui fait pour la récolte entière (tiges et graines) plus de 63 kilogrammes d'azote par hectare, un peu moins qu'une récolte de froment.

Le tourteau d'œillette contient, en outre, l'équivalent de $83^{gr},5$ de phosphates de chaux par kilogramme, ce qui, pour la récolte entière de graines, représenterait un chiffre de 64 kilogrammes, auxquels il faut ajouter encore pour les tiges, environ 15 à 16 kilogrammes, en tout, environ 80 kilogrammes de phosphates.

Il résulte de là que si une récolte d'œillette demande au sol un peu moins d'azote qu'une récolte de blé, elle lui demande, par compensation, *beaucoup plus de phosphates*.

COLZA (Brassica campestris, Brassica oleracea).

Parmi les diverses variétés de Colza que l'on peut cultiver, le plus grand nombre, après avoir été semées en juillet, sont repiquées en automne, ce sont celles qu'on appelle *Colzas d'hiver;* d'autres sont semées en place après l'hiver seulement, ce sont les *Colzas de printemps.* La culture de ces derniers tend à se restreindre partout chaque jour, pour faire place à celle des Colzas d'hiver.

Les Colzas d'hiver se sèment aussi quelquefois en place, mais seulement dans des terres plus que médiocres, où la reprise du plant repiqué pourrait être difficile, et où, sous l'influence d'engrais pulvérulents énergiques, on obtient encore quelquefois une récolte passable et rémunératrice.

Nous n'entrerons pas ici dans les détails du repiquage, qui se fait, soit au plantoir, soit à la charrue, à des distances variables suivant la fertilité du sol ; les terres les plus fertiles sont celles qui permettent les distances les plus grandes, parce que le Colza s'y ramifie davantage.

Le Colza est une plante très-rustique, capable de supporter des froids de 10 à 12 degrés au-dessous de zéro, est même de 15 à 18 degrés, si la terre est couverte de neige ; seulement, il n'aime pas une terre qui soit trop humide en hiver.

Toute terre à blé en bon état, purgée d'herbes et *bien fumée*, est propre à la culture du Colza.

C'est une des plantes cultivées qui supporte le mieux le repiquage, à tel point qu'en 1847 M. *Lebariller,* de Lébisey, a constaté qu'en le bouturant, c'est-à-dire

en le plantaut sans racines, après l'avoir coupé au-
dessus de terre, sa reprise était à peu près aussi bien
assurée que celle du plant *arraché* de la pépinière.

Par sa rusticité, par l'époque de sa maturité, qui
précède celle des céréales, par la haute valeur de sa
graine, dont l'huile trouve des débouchés de plus en
plus importants et variés, le Colza est devenu, depuis une vingtaine d'années surtout, une des cultures
les plus importantes et les plus étendues parmi celles
des plantes industrielles. A ces divers titres, la culture
de cette plante mérite donc une étude toute spéciale.

Pendant la dernière crise des subsistances, crise tra-
versée avec un calme qui ne s'était encore jamais vu
dans des circonstances aussi difficiles, grâce aux sages
mesures de précaution prises par la prévoyance du gou-
vernement, l'opinion publique, à Caen surtout, s'était
émue de l'extension à laquelle était arrivée, depuis quelques années, la culture du Colza, et paraissait disposée
à considérer cette extension comme l'une des principales
causes de la cherté des denrées alimentaires.

La Société d'Agriculture et de Commerce de Caen,
crut devoir, en présence de cette expression inquiète de
l'opinion publique, mettre au Concours l'étude de cette
importante question, en la formulant ainsi :

*Quelles ont été jusqu'à ce jour, et quelles peuvent être
dans l'avenir, sur la production agricole du Calvados,
et particulièrement pour la plaine de Caen, les conséquences de la grande extension donnée à la culture du
colza ?*

L'étude de cette question comprend deux ordres de
faits : ceux qui concernent le passé, ceux qui concernent l'avenir.

Nous commencerons par exposer les premiers, puis nous essaierons de démêler leur influence naturelle sur l'agriculture du pays, et enfin nous chercherons à prévoir les conséquences de la persistance de l'état de choses qui avait si vivement ému l'opinion publique.

PREMIÈRE PARTIE.

CHAPITRE PREMIER.

RENSEIGNEMENTS STATISTIQUES SUR L'EXTENSION DE LA CUL-
TURE DE COLZA.

Nous ne croyons pas nécessaire de rappeler ici l'historique des premiers essais de culture du Colza dans le Calvados, au commencement de ce siècle; ils sont trop connus. J'arrive tout de suite à 1835, époque à laquelle furent réunis les éléments de la grande statistique officielle publiée quelques années plus tard. A cette époque, il y avait déjà une trentaine d'années environ que l'on s'adonnait à la culture du Colza dans le département, et les renseignements officiels indiquent :

Pour le département.   15 779 hectares de colza produisant. . . . . 209 072 hectol. de graine, et pour le seul arrondissement de Caen :

10 152 hectares de colza, produisant. . . 132 000 hectolitres de graine.

En 1852, l'on comptait :
dans le département. . . 29 985 hectares de colza, dans le seul arrondissement
de Caen. . . . . . . 18 727 hectares.

En 1854, on évaluait l'étendue des cultures de colza :

dans le département, à . . . 41 000 hectares.
dans l'arrondissement de Caen, à. 25 000 hectares.

Enfin, suivant les documents fournis par les statistiques, en 1856, l'extension des cultures de Colza dans l'arrondissement de Caen se trouvait réduite à. . . . . 17 500 hectares,
produisant environ. . 300 100 hectolitres de graine.

Nous voyons de même le nombre des usines à huile augmenter avec rapidité dans le département ; on n'en comptait que deux en 1806, on en trouve quarante en 1835, et en 1856, dans le seul rayon de Caen, il en existait quarante-cinq [1], fabricant au moins

15 000 000 de kilogr. d'huile par an,
et environ   30 000 000 de kilogr. de tourteaux.

Si nous laissons de côté les chiffres qui correspondent à l'année 1854, époque en quelque sorte épidémique du Colza, nous sommes porté à admettre que les données correspondant aux années 1852 et 1856 doivent représenter à peu près l'état ordinaire, du moins pour ce qui concerne l'arrondissement de Caen, car l'extension n'a pas encore atteint son point d'arrêt dans le reste du département.

Si nous comparons maintenant l'étendue de cette culture en 1835 et en 1856, et si nous établissons également la comparaison des produits, voici ce que nous trouvons, pour l'arrondissement de Caen en particulier :

	1835	1856
Etendue des cultures de colza	10 152 hect.	17 500
Produit en graine. . . .	132 000 hect.	300 100

[1] J. Morière, *Documents relatifs à l'Exposition de 1855.*

Dans cette période de 21 ans, l'étendue superficielle de ces cultures a augmenté de 7 348 hectares, soit 72, 5 pour 100 de ce qu'elle était en 1835.

L'accroissement du produit, dans la même période de temps, a été de 168 100 hectolitres, représentant plus de 128 pour 100 ; en d'autres termes, le rendement à l'hectare a presque doublé, en moyenne, dans les conditions nouvelles où se fait cette culture.

Il reste à savoir maintenant quelles sont les autres cultures aux dépens desquelles a pu s'étendre ainsi celle du Colza ; c'est ce que nous allons essayer de rechercher dans le chapitre qui va suivre.

CHAPITRE II.

RENSEIGNEMENTS STATISTIQUES SUR L'ÉTENDUE DES CULTURES DE CÉRÉALES ET DE PLANTES FOURRAGÈRES EN 1835 ET EN 1856.

La comparaison des cultures de blé en 1835 et en 1856, sous le rapport de leur étendue superficielle, nous fournit les résultats suivants pour l'arrondissement de Caen [1] :

	1835	1856
Hectares. . .	31 794	27 200
Produit obtenu.	461 174 hectolitres.	528 550 hectolitres

Ainsi pendant cette période de vingt-un ans, l-

[1] Le département du Calvados cultivait alors en blé 101 619 hectares et récoltait 1 356 478 hectolitres. L'arrondissement de Caen figurait alors pour 31 p. 100 dans l'étendue des cultures de blé, et représentait 34 p. 100 dans le produit.

tendue superficielle des cultures de froment a éprouvé
une diminution de 4 594 hectares ; mais il faut ajouter
en même temps que, malgré cette réduction dans l'é-
tendue, sous l'influence de conditions meilleures, le
produit a augmenté d'une manière considérable ; il
s'est accru de 67 386 hectolitres, c'est-à-dire de près
de 15 pour 100 sur la totalité, et le rendement à l'hectare a éprouvé, en moyenne, une augmentation de
34 pour 100, c'est-à-dire de plus d'un tiers.

Orge

La culture de cette céréale a éprouvé, de 1835 à
1856, une diminution représentée par les chiffres suivants, qui ne concernent que l'arrondissement de
Caen [1] :

	1835	1856
Nombre d'hectares. . . .	5669	3768
Produit, en hectolitres. .	99 885	88 632

Diminution sur l'étendue. 1 901 hectares, soit 33 1/2
p. 100.

Diminution sur le produit. 11 353 hectol., soit 11 1/2
p. 100.

La diminution sur l'étendue est relativement considérable, puisqu'elle représente le tiers de ce qu'était
en 1835 la superficie consacrée à la culture de l'orge ;
mais il est arrivé ici ce que nous avons déjà signalé
pour le froment, le rendement à l'hectare s'est amé-
lioré, et la diminution de récolte, au lieu de s'élever au

---

[1] En 1835, le département cultivait 20 583 hectares d'orge
et en récoltait 318 428 hectolitres. La part de l'arrondissement
de Caen était représentée par 27 1/2 pour 100 dans l'étendue,
et par 31 pour 100 dans les produits.

tiers, s'est trouvée réduite à 11 et demi pour 100 seulement.

Sarrazin.

La culture du sarrazin n'occupe, dans l'arrondissement, qu'une étendue assez restreinte, et elle a également éprouvé une grande diminution, comme le montrent les nombres ci-après :

	1835	1856
Nombre d'hectares. . . .	1 719	851
Produit en hectolitres. . .	22 447	11 940

La diminution de 868 hectares représente plus de 50 pour 100. Par suite d'une amélioration dans le rendement, la diminution du produit n'a pas suivi tout à fait la même marche ; elle ne s'élève qu'à 46 pour 100 environ.

Cette restriction de la culture du sarrazin n'a pas eu lieu dans tout le département ; il y a eu au moins permanence, si l'on ne veut pas considérer comme un accroissement réel les 517 hectares que nous trouvons en 1856 de plus qu'en 1835.

	1835	1856
Nombre d'hectares dans le dép^t.	15 808	16 325
Produit en hectolitres . . .	222 770	274 011

Accroissement du produit dans le département du Calvados, 51 241 hectolitres, soit 23 pour 100.

En restreignant donc nos observations au seul arrondissement de Caen, et en laissant de côté la culture du seigle, qui n'a jamais eu, dans toute la période de temps que nous considérons, qu'une importance insignifiante au point de vue alimentaire, nous trouvons, pour la somme totale des produits en blé, orge et sarrazin, les résultats suivants :

	1835	1856
Hectolitres de blé. . .	461 174	528 332
— d'orge. . .	99 985	88 632
— de sarrazin. .	22 437	11 940
Total. . .	573 596	628 904

Le produit total en céréales n'a donc pas diminué depuis vingt ans dans l'arrondissement de Caen, comme quelques personnes l'avaient cru.

Avoine.

La culture de l'avoine, déjà si restreinte en 1835, dans un pays renommé pour sa production chevaline, a diminué encore d'importance dans l'arrondissement, dans le cours de la période de temps qui fixe actuellement notre attention [1].

En 1835, on y cultivait 7 334 hectares d'avoine, produisant 177 861 hectolitres.

En 1856, on y cultivait 5 698 hectares, produisant 151 673 hectolitres.

Diminution en étendue : 1 636 hectares, soit 22 1/3 pour 100.

Diminution sur le produit : 26 188 hectolitres, soit 14 1/2 p. 100.

Ici encore l'amélioration du rendement a couvert

[1] En 1835, le département cultivait 38 330 hectares d'avoine, et en récoltait 600 841 hectolitres, la part de l'arrondissement était de 19 pour 100 dans l'étendue, et de 30 pour 100 dans la produit.

10.

une partie du déficit occasionné par la diminution d'étendue de cette culture.

Prairies artificielles.

La moindre durée accordée généralement aux sainfoins depuis quelques années pouvait faire présumer que l'étendue superficielle des plantes fourragères avait dû diminuer beaucoup depuis vingt ans; quelques perturbations ont pu se manifester dans certains moments de crise, mais les chiffres que nous allons citer feront justice de toutes les exagérations, du moins pour ce qui concerne l'arrondissement.

Nombre d'hectares de prairies artificielles en 1835, 12 932.

Nombre d'hectares de prairies artificielles en 1856, 14 881.

Augmentation depuis 1835........ 1 949 hectares, ou environ 15 pour 100 [1].

Si, à l'étendue actuelle des prairies artificielles de l'arrondissement de Caen nous ajoutons 500 hectares de betteraves, nous trouvons, pour l'accroissement des cultures fourragères, 2 450 hectares pendant les vingt années qui se sont écoulées de 1835 à 1856.

Ces renseignements se trouvent d'ailleurs confirmés par l'ensemble des observations recueillies pendant la visite des exploitations faite, chaque année, à l'occasion des concours cantonaux de bonne culture.

[1] En 1835, on évaluait à 33 347 hectares l'étendue superficielle consacrée aux prairies artificielles dans le département du Calvados; l'arrondissement de Caen y figurait donc, à lui seul, pour près de 39 pour 100.

Enfin, nous devons encore ajouter que, depuis 1835, le rendement moyen à l'hectare de ces diverses récoltes fourragères a augmenté d'au moins 20 à 25 pour 100.

Prairies naturelles.

On évaluait, en 1835, à 107 854 hectares l'étendue superficielle des prairies naturelles du département du Calvados.

L'arrondissement de Caen n'y figurait que pour 11 253 hectares ;

En 1856, cette étendue était réduite à 8 803 hectares ;

Diminution, 2 450 hectares, soit environ 21 1/2 pour 100.

En principe, la destruction des prairies naturelles pour les mettre en culture n'est pas une opération qui mérite d'être recommandée, surtout lorsque la prairie naturelle donne de bonnes récoltes de foin, parce que l'excédant de valeur des nouveaux produits (lorsqu'excédant de valeur il y a) ne couvre pas toujours le supplément de frais nécessaires pour obtenir ces nouvelles récoltes ; ce supplément de frais augmente en général à mesure que s'éloigne l'époque du défrichement, parce que le vieux fonds de richesse et de fertilité accumulé par les ans dans un herbage bien entretenu, va toujours s'épuisant sous l'influence des cultures nouvelles et demande, chaque année, un supplément d'engrais.

Cependant, lorsqu'une prairie est usée, lorsque le fonds dans lequel elle se trouve est plus propre à la culture des céréales qu'à la production du foin naturel, il peut y avoir avantage réel à défricher la prairie. Les renseignements suffisamment précis nous manquant ici pour discuter le mérite de l'opération, nous devons nous borner à enregistrer le fait sans blâme comme sans approbation.

Jachères.

Il est un point qui mérite encore de fixer notre attention, c'est la grande réduction de l'étendue des jachères, depuis un quart de siècle, dans l'arrondissement de Caen. Il serait même possible de citer aujourd'hui beaucoup de communes, des circonscriptions cantonnales entières, où la jachère a complétement disparu, et où la jeune génération qui s'élève actuellement aura besoin qu'on lui explique la signification de ce mot, qui n'aura plus d'application sous ses yeux.

En 1835, on évaluait encore à 51 842 hectares l'étendue des terres annuellement en jachères dans le département du Calvados. L'arrondissement de Caen n'y figurait que pour 6 458 hectares ; en 1856, cette étendue ne s'y élevait plus qu'à 2 000 hectares environ. La diminution de l'étendue des jachères dans cet arrondissement, et, par suite, l'accroissement des récoltes annuelles, s'est donc réalisée sur une surface de 4 458 hectares, environ 69 pour 100 des anciennes jachères.

En résumé,

Il résulte des documents qui précèdent :

1° Que depuis vingt ans l'étendue des cultures de Colza s'est accrue, dans l'arrondissement de Caen, de plus de 72 pour 100 de ce qu'elle était vers 1835, et *dans cette évaluation ne se trouve pas comprise l'étendue de terrain consacrée à la production du plant ;*

2° Que le rendement en graine a subi, depuis cette même époque, un accroissement beaucoup plus considérable encore, puisque le produit total a subi une augmentation d'environ 128 pour 100 ;

3° Que l'étendue des terres consacrées à la production des céréales a diminué d'une manière notable, sans que, toutefois, cette diminution ait entraîné une diminution correspondante du produit ; celui-ci, au contraire, a éprouvé dans son rendement, par suite des meilleures conditions de la culture, une augmentation réelle qui, pour le blé, s'élève à plus d'un tiers ;

4° Que, dans l'arrondissement, l'accroissement des cultures de plantes fourragères compense la diminution des prairies naturelles, sous le rapport de l'étendue, tandis que, sous le rapport du produit en matières nutritives pour l'alimentation du bétail, il y a eu réelle augmentation ;

5° Qu'il a été supprimé, dans le même laps de temps, 4 458 hectares de jachères, c'est-à-dire à peu près les 7 dixièmes de ce qu'il en restait encore annuellement en 1835.

Tel est, en peu de mots, l'exposé des faits généraux de culture qui ont accompagné l'extension de la production du Colza dans la plaine de Caen ; il nous reste maintenant à en étudier les principales conséquences à des points de vue distincts, dont chacun fera l'objet d'un chapitre séparé dans la seconde partie de ce travail.

DEUXIÈME PARTIE.

CHAPITRE PREMIER.

QUELLE A ÉTÉ L'INFLUENCE DE L'EXTENSION DÉ LA CULTURE DU COLZA SUR LA PRODUCTION DU BLÉ ET DES AUTRES CÉRÉALES ?

Nous avons vu, dans la première partie de ce travail, que l'extension de la culture du colza, depuis vingt ans, avait coïncidé avec une diminution dans l'étendue des terres ensemencées en blé, et avec une augmentation d'environ 15 pour 100 dans la production réelle et moyenne de la quantité de blé qu'on récoltait, il y a vingt ans, dans l'arrondissement de Caen. Cette augmentation de produit, qui se traduit en chiffres par 67 400 hectolitres environ, représente la subsistance d'une population d'environ 27 000 individus, soit le cinquième de la population de l'arrondissement, ou un peu plus d'un vingtième de la population du département.

Il est à remarquer que cette augmentation de produit coïncide avec une diminution assez notable de la population pendant la même période de temps, diminution qui s'élève, pour le département, à environ 10 800 individus depuis 1836.

Si nous avions choisi une année d'abondance, l'excédant du produit sur la consommation eût été plus considérable encore.

Cherchons maintenant à découvrir la part qui peut revenir à la culture du Colza dans l'amélioration de la culture du blé.

Lorsqu'on veut augmenter le produit de cette dernière espèce de culture, l'une des premières conditions à remplir est l'emploi d'engrais plus abondants, et le nettoiement du sol que les mauvaises plantes envahissent avec tant de facilité.

Mais lorsqu'on donne à la terre une fumure très-abondante, il peut en résulter pour le blé deux sortes d'inconvénients : le blé vient souvent alors beaucoup trop fort et est sujet à verser. On parvient alors à augmenter la récolte de paille, mais on n'obtient souvent qu'un produit médiocre en grain, sous le double rapport de la quantité et de la qualité. Le cultivateur a fait alors un mauvais calcul.

D'un autre côté, l'abondance des fumiers, par les graines diverses qui ont résisté à la décomposition, amène souvent aussi l'abondance des mauvaises herbes, autre source d'inconvénients et de mécomptes pour le cultivateur. En faisant précéder, dans la plupart des cas, une récolte de blé par une récolte de Colza, il arrive ordinairement deux choses :

La première, c'est que le colza, qui ne redoute pas les fumures abondantes, donne une bonne récolte, et laisse encore le sol assez riche pour produire une bonne récolte de blé sans nouvelle fumure, si ce n'est dans quelques cas exceptionnels ;

La seconde, c'est que le Colza exigeant pour sa belle et bonne venue, comme toute récolte sarclée, de fréquents binages ou ratissages, il en résulte une destruction presque complète des mauvaises herbes. Ainsi, les fortes fumures qu'exige le Colza pour donner des produits abondants et avantageux et la propreté du sol qui est, avec son ameublissement, une autre condition essentielle de succès de la culture de cette plante, tout cela constitue en faveur du blé une excellente préparation pour assurer sa bonne venue.

Nous venons de parler à l'instant de fumures abondantes destinées à assurer le succès du Colza et du blé qui doit le suivre, et nous savons, d'après les renseignements fournis par la première partie de ce travail, que la diminution d'étendue des cultures de céréales est peu propre à assurer au cultivateur le grand excédant de pailles qui lui serait nécessaire, pour la confection d'une plus grande quantité de fumiers, rendue indispensable par une plus grande multiplicité de récoltes dans le même laps de temps.

Il semble, à première vue, qu'on se trouve encore là en présence d'une difficulté très-sérieuse, celle de se procurer des engrais en suffisante abondance. Mais la culture du Colza, en amenant dans le pays l'établissement de nombreuses usines à huile, a mis en même temps à la disposition des cultivateurs une quantité considérable de tourteaux qui représentent environ 67 pour 100 du poids de la graine, c'est-à-dire au moins 1000 kilogrammes par hectare. C'est un auxiliaire puissant que les cultivateurs ont sous la main et dont ils ne sauraient faire un trop fréquent usage.

Enfin, le battage du Colza s'effectuant immédiatement après la récolte, la vente peut s'en faire de très-bonne heure, et comme le prix s'en règle ordinairement au comptant ou à très-courte échéance, cette vente met des capitaux assez considérables entre les mains du cultivateur, à une époque où il n'avait autrefois presque plus rien à vendre, et par conséquent peu à recevoir.

En présence de cette réalisation de capitaux, le

cultivateur habile hésite moins à faire *ces avances
énormes d'engrais qui caractérisent l'agriculture intensive de notre époque*, surtout dans les régions où la jachère a disparu.

Sous l'influence de ces copieuses fumures, la couche
arable du sol s'est progressivement enrichie, la profondeur des labours a pu, sans inconvénient, être successivement augmentée, au grand avantage de toutes
les récoltes, et surtout des prairies artificielles.

C'est ainsi que tout se tient et s'enchaîne en agriculture, qu'une amélioration conduit presque toujours
à une autre, et que les capitaux judicieusement con-
fiés à la terre peuvent rapporter souvent d'assez gros
intérêts.

CHAPITRE II.

INFLUENCE DE L'EXTENSION DE LA CULTURE DU COLZA SUR LE PRIX DES CÉRÉALES ET SUR LES DISETTES.

Nous avons vu, dans la première partie de ce travail, que l'extension donnée à la culture du Colza, depuis vingt à vingt-cinq ans, n'avait pas occasionné,
dans l'arrondissement de Caen, une diminution de produit du blé ; que s'il y avait eu réduction sensible dans
l'étendue, il y avait eu au contraire augmentation
dans la production, et cela dans une proportion qui dépasse l'accroissement moyen de population pour toute
la France (nous ne disons pas pour le département du
Calvados, puisque sa population a diminué). Il ne sera
pas sans intérêt de suivre le prix moyen des céréales
depuis 1830, ainsi que celui de l'avoine, jusqu'à la

fin de 1856; on y pourrait trouver un enseignement positif pour la question qui nous occupe.

Prix moyen de l'hectolitre de blé.

		Pour l'arrond^t.	Pour le dép^t.
Année 1830.	. .	22^f,57^c	23^f,08^c
— 1831.	. .	22 ,02	22 ,11
— 1832.	. .	21 ,96	21 ,92
— 1833.	. .	15 ,60	15 ,53
— 1834.	. .	14 ,96	14 ,94
— 1835.	. .	14 ,69	14 ,51
— 1836.	. .	16 ,70	18 ,85
— 1837.	. .	19 ,38	19 ,32
— 1838.	. .	21 ,19	21 ,20
— 1839.	. .	22 ,16	22 ,44
— 1840.	. .	24 ,93	25 ,25
— 1841.	. .	18 ,36	18 ,30
— 1842.	. .	19 ,69	19 ,47
— 1843.	. .	20 ,71	20 ,89
— 1844.	. .	20 ,48	20 ,43
— 1845.	. .	19 ,05	18 ,90
— 1846.	. .	22 ,65	22 ,70
— 1847.	. .	31 ,41	32 ,07
— 1848.	. .	16 ,76	17 ,04
— 1849.	. .	17 ,53	17 ,35
— 1850.	. .	14 ,66	14 ,55
— 1851.	. .	13 ,80	13 ,61
— 1852.	. .	17 ,52	17 ,27
— 1853.	. .	23 ,98	24 ,05
— 1854.	. .	31 ,36	31 ,45
— 1855.	. .	33 ,63	33 ,38
— 1856.	. .	31 ,12	30 ,71

Prix moyen de l'hectolitre d'orge.

		Pour l'arrond^t.	Pour le départ^t.
Année 1830.	. .	11^f,30^c	11^f,41^c
— 1831.	. .	10 ,81	10 ,73
— 1832.	. .	11 ,12	11 ,26
— 1833.	. .	8 ,15	8 ,23
— 1834.	. .	8 ,36	8 ,52
— 1835.	. .	7 ,78	7 ,98
— 1836.	. .	8 ,25	8 ,25
— 1837.	. .	10 ,42	10 ,19
— 1838.	. .	11 ,12	10 ,98
— 1839.	. .	10 ,30	10 ,30
— 1840.	. .	13 ,03	13 ,00
— 1841.	. .	8 ,77	8 ,54
— 1842.	. .	9 ,00	9 ,16
— 1843.	. .	11 ,42	11 ,61
— 1844.	. .	10 ,86	11 ,18
— 1845.	. .	9 ,86	9 ,91
— 1846.	. .	12 ,11	11 ,84
— 1847.	. .	17 ,05	16 ,76
— 1848.	. .	8 ,72	8 ,92
— 1849.	. .	8 ,51	8 ,77
— 1850.	. .	7 ,53	7 ,71
— 1851.	. .	8 ,21	8 ,25
— 1852.	. .	9 ,19	9 ,16
— 1853.	. .	11 ,13	11 ,56
— 1854.	. .	14 ,99	15 ,26
— 1855.	. .	14 ,96	14 ,54
— 1856.	. .	13 ,95	13 ,81

Prix moyen annuel de l'hectolitre de sarrasin.

	Arrondissement de Caen.	Département du Cavados.
Année 1830.	12^f,99^c	12^f,87^c
— 1831.	12 ,19	11 ,67
— 1832.	12 ,72	11, 72
— 1833.	10 ,10	9 ,73
— 1834.	9 ,51	9 ,22
— 1835.	8 ,71	8 ,37
— 1836.	10 ,67	10 ,35
— 1837.	11 ,26	10 ,92
— 1838.	12 ,58	11 ,99
— 1839.	11 ,58	11 ,07
— 1840.	13 ,19	12 ,59
— 1841.	9 ,89	9 ,38
— 1842.	10 ,83	10 ,47
— 1843.	12 ,52	12 ,24
— 1844.	12 ,46	10 ,85
— 1845.	9 ,86	9 ,20
— 1846.	11 ,00	10 ,65
— 1847.	17 ,02	16 ,63
— 1848.	8 ,86	9 ,35
— 1849.	8 ,97	8 ,74
— 1850.	7 ,43	7 ,19
— 1851.	7 ,86	7 ,60
— 1852.	9 ,03	8 ,59
— 1853.	12 ,41	11 ,98
— 1854.	18 ,48	12 ,18
— 1855.	17 ,11	16 ,98
— 1856.	14 ,01	13 ,51

Prix moyen de l'hectolitre d'avoine.

	Arrondissement de Caen.	Département du Calvados.
Année 1830.	$10^f,15^c$	$9^f,86^c$
— 1831.	8 ,84	8 ,43
— 1832.	8 ,47	8 ,07
— 1833.	7 ,97	7 ,60
— 1834.	8 ,52	8 ,33
— 1835.	8 ,63	8 ,16
— 1836.	8 ,28	7 ,79
— 1837.	9 ,20	8 ,73
— 1838.	9 ,27	8 ,96
— 1839.	8 ,58	8 ,29
— 1840.	10 ,04	9 ,00
— 1841.	8 ,63	8 ,51
— 1842.	8 ,80	8 ,67
— 1843.	9 ,82	9 ,34
— 1844.	9 ,15	8 ,90
— 1845.	8 ,44	8 ,38
— 1846.	9 ,96	9 ,96
— 1847.	13 ,11	12 ,79
— 1848.	8 ,61	8 ,67
— 1849.	8 ,39	8 ,40
— 1850.	7 ,17	6 ,98
— 1851.	7 ,43	7 ,32
— 1852.	8 ,03	7 ,86
— 1853.	9 ,16	9 ,02
— 1854.	12 ,18	11 ,84
— 1855.	11 ,74	11 ,33
— 1856.	10 ,76	10 ,33

Si nous partageons en trois parties égales cette période de 27 ans, ce qui nous représentera trois baux consécutifs de neuf années chacun, voici ce que nous trouvons pour les prix moyens de ces diverses espèces de grains :

1ʳᵉ *Période* (1830 *à* 1838 *inclusivement*).

Blé, prix moyen de l'hectol., de 18ᶠ,79ᶜ à 18ᶠ,80ᶜ [1]
Orge. . . . . de 9 ,70   à 9 ,84
Sarrasin. . . . . de 10 ,75   à 11 ,30
Avoine . . . . de 8 ,45   à 8 ,82

2ᵉ *Période* (1839 *à* 1847 *inlusivement*).

Blé. . . . . 22ᶠ,16ᶜ à 22ᶠ,26•
Orge. . . . . 11 ,37   à 11, 38
Sarrasin. . . . . 11 ,45   à 12 ,04
Avoine. . . . . 9 ,43   à 9 ,61

3ᵉ *Période* (1848 *à* 1856 *inclusivement*).

Blé. . . . . 22ᶠ,15ᶜ à 22ᶠ,16ᶜ
Orge. . . . . 10 ,80   à 10 ,89
Sarrasin . . . . 11 ,34   à 11 ,64
Avoine. . . . . 9 ,08   à 9 ,28

Il résulte de tous ces documents que le prix moyen des céréales, pendant la période de neuf ans qui commence avec 1848 et finit en 1856, n'est pas supérieur au prix observé pendant la période précédente, malgré la succession presque insolite de trois ou quatre années de disette exprimée par des prix fort élevés.

---

[1] L'un des prix est celui de l'arrondissement, l'autre celui du département.

Si, dans cette dernière période, nous trouvons des prix plus élevés que dans la précédente, nous en trouvons aussi de beaucoup plus bas pendant les cinq premières années, et c'est dans cette période, *en 1851, que nous trouvons le prix minimum* du blé depuis plus de trente ans. N'oublions pas qu'à cette époque la culture du colza était à peu près, sous le rapport de l'étendue, ce qu'elle est aujourd'hui, et nous savons de reste que les cours actuels des céréales sont loin d'être suffisamment rémunérateurs pour l'agriculture.

Enfin, lorsque le colza était à peu près inconnu en France, les disettes et les famines étaient plus fréquentes et surtout plus terribles qu'à notre époque. Les accusations portées à ce point de vue contre le colza sont de celles que la faim et la peur, qui ne raisonnent jamais, portent si souvent contre le premier objet ou contre le premier individu venu. Si les consommateurs citadins, dont beaucoup mettraient volontiers en pratique le fameux *panem et circenses* des Romains dégénérés, savaient un peu mieux par expérience ce qu'a coûté de sueurs et de soucis le pain qui leur arrive chaque jour, ils seraient sans doute moins jaloux des succès que peut réaliser parfois le cultivateur en variant ses récoltes ; ils comprendraient sans doute alors que l'augmentation progressive et incessante du salaire, pour l'ouvrier des champs comme pour l'ouvrier des villes, oblige le cultivateur à s'ingénier plus qu'autrefois pour obtenir des produits capables de lui permettre de subvenir à cet accroissement de dépense quotidienne, qui vient s'ajouter à l'augmentation du loyer de la terre.

Empêcher cette variété dans les cultures, c'est s'exposer à faire porter exclusivement sur le blé ce supplé-

ment de charges, et le cultivateur devrait nécessairement cesser de le produire, s'il ne pouvait en continuer la culture qu'à ses propres dépens.

Les mêmes frayeurs, les mêmes reproches, les mêmes
déclamations se sont manifestés à l'occasion de la bet·
terave, dans le département du Nord. La ville de Valenciennes s'est chargée d'y répondre, en 1853, sur
l'arc de triomphe élevé à l'occasion du passage de l'Em-
pereur dans cette ville. On lisait, en effet, sur cet arc
de triomphe, l'inscription suivante :

Production du blé dans l'arrondisse-
ment de Valenciennes , avant la fabri-
cation du sucre de betterave. . . . 350 000 *hectol.*
   Nombre de bœufs 700
Production du blé depuis le dévelop-
pement de l'industrie sucrière. . . 421 000 *hectol.*
   Nombre de bœufs. 11 500

Pour nous, nous pourrions dire en pareille circonstance :

Production du blé dans l'arrondissement de Caen
en 1835 , alors que la culture du Colza était moins
étendue . . . . 461 174 hectolitres.
   Jachères. . . . . 6 454 hectares.
Production du blé en 1856 ,
depuis l'extension donnée à la
culture du Colza. . . . . . 528 332 hectolitres.
   Jachères. . . . . 2 147 hectares.

La réduction de l'étendue des jachères en France,
l'emploi mieux entendu des engrais, les nouvelles
pratiques agricoles, ont permis à la population fran-
çaise de s'augmenter, de varier et d'améliorer son

régime alimentaire sans que, pour cela, s'augmentât l'étendue occupée par les céréales; cette étendue reste à peu près invariable depuis plus d'un siècle, et suffit, néanmoins, à dix ou douze millions d'habitants de plus.

C'est à ces cultures nouvelles, toujours si mal accueillies, que nous devons cet immense progrès qui nous permet de vivre sur un espace beaucoup plus restreint, et nous a sauvés vingt fois de la famine. Le meilleur moyen d'éloigner les années de disette, d'en atténuer les effets calamiteux, c'est l'adoption de systèmes de cultures riches, *intensifs*, dont les produits très-variés échappent toujours en partie aux influences atmosphériques les plus fâcheuses.

CHAPITRE III.

INFLUENCE DE L'EXTENSION DE LA CULTURE DU COLZA SUR LE COMMERCE LOCAL, SUR LE BIEN-ÊTRE DE LA CLASSE LABORIEUSE, ETC.

Les 3 à 400 mille hectolitres de graine de Colza récoltés annuellement dans l'arrondissement de Caen, les 6 à 700 mille hectolitres récoltés dans le département du Calvados, occasionnent un mouvement commercial considérable, représenté par 8 à 11 millions de francs pour l'arrondissement de Caen, et par 16 à 20 millions de francs pour le département entier, en ne tenant compte que de l'achat de la graine seulement; si nous ajoutons à ce mouvement de fonds celui de la fabrication, de l'épuration et de la vente des huiles, celui de la vente des tourteaux, celui de la vente des engrais supplémentaires nécessitée par des cultures *plus épuisantes* que par le passé, il est aisé de reconnaître que la culture du Colza a été le point de départ d'un mouvement commercial et industriel extrêmement considérable. Nous pourrions encore ajouter au mouvement dont nous venons de parler, celui qui résulte du transport par terre, par les voies ferrées ou par mer, des produits bruts ou manufacturés dérivant du Colza, graine, huile, tourteaux, savons, etc.; nous nous bornerons à rapporter ici quelques citations empruntées à l'excellent travail de M. Morière, sur l'exposition de 1855.

En 1853, il est sorti du port de Caen. . . .

32 500	quintaux de graine de colza.
58 580	id. d'huile.
18 300	id. de tourteaux.

En 1854. .

Graine.	. .	133 600	quintaux.
Huile.	. .	60 900	id.
Tourteaux.	.	27 350	id.

En 1855. .

Graine.	. .	94 000	quintaux
Huile.	. .	63 400	id.
Tourteaux.	.	23 800	id.

Si nous tenons compte en outre du personnel attaché aux usines et aux transports des produits, nous sommes bien obligé de reconnaître que la culture du Colza a été une source de profits pour la classe laborieuse; mais c'est surtout sur les travailleurs ruraux que cette culture a exercé la plus heureuse influence, car le repiquage, le sarclage, la coupe et le battage du Colza exigent de nombreux essaims d'ouvriers et leur offrent des travaux abondants qui viennent s'intercaler

entre les grands travaux ordinaires des anciens systèmes de culture.

La culture du Colza, dans nos contrées, a donc été
l'origine d'un mouvement commercial et industriel
considérable, et la source d'améliorations matérielles
importantes dans la situation des travailleurs ruraux.

CHAPITRE IV.

INFLUENCE DE L'EXTENSION DE LA CULTURE DU COLZA SUR LES EXISTENCES ANIMALES, ET SUR LA PRODUCTION DES ENGRAIS.

L'extension de la culture du Colza, de même que
celle de toute autre culture sarclée, conduit infaillible-
ment à la suppression de la totalité, ou du moins de
la plus grande partie des jachères. Il en résulte, comme
conséquence inévitable, la suppression plus ou moins
complète de la vaine pâture, suppression qui est de
nature à modifier profondément les conditions écono-
miques de l'élevage des animaux d'*espèce ovine*.

En effet, il est généralement admis que, dans tout
pays où les brebis et les agneaux d'élève, jusqu'à 18
ou 20 mois, ne peuvent trouver pendant la moitié de
l'année leur nourriture dans la vaine pâture, l'*élevage*
des moutons est une spéculation peu lucrative, bien
que l'engraissement puisse encore y être pratiqué avec
succès dans des conditions convenables. Aussi ne de-
vons-nous pas être surpris de voir les troupeaux per-
manents d'espèce ovine devenir de plus en plus rares,
de moins en moins considérables dans la plaine de
Caen, et se retirer peu à peu dans les cantons où l'agri-

culture est moins intensive, où le Colza est moins abondant, où la jachère n'a pas encore aussi complétement disparu.

Nous pouvons donc dire, d'une manière générale, que le Colza, dans la plaine de Caen, a chassé les moutons, en rendant l'élevage plus dispendieux. Il est extrèmement probable que le même résultat s'observera partout où la culture des plantes sarclées amènera la suppression générale des jachères.

Lorsqu'on vient à comparer l'agriculture de la plaine de Caen (abstraction faite des cantons herbagers) avec l'agriculture des autres pays de plaine, avec celle de la Beauce ou de la Brie, par exemple, on est étonné de la différence qui existe entre la population d'espèce bovine de ces derniers pays et celle de la plaine de Caen. On s'attend tout naturellement, partout ailleurs, à trouver dans notre plaine, surtout dans la grande culture, l'espèce bovine représentée par une population beaucoup plus nombreuse que dans les plaines de la Beauce, tandis que c'est l'inverse qui a lieu, et la différence numérique est énorme.

Avec les progrès de la culture, la population d'espèce bovine a augmenté d'environ 50 pour 100 dans la Beauce et dans la Brie ; *l'augmentation est à peu près insensible dans la plaine de Caen.*

Nous ne dirons rien de l'amélioration des races, elle est générale partout, surtout depuis une dizaine d'années.

Il existe une différence non moins grande dans les existences chevalines, mais cette fois en sens inverse, entre les divers pays que nous comparions tout à l'heure.

Une ferme de Beauce de 7 à 8 000 francs de loyer

comptera tout au plus 7 ou 8 chevaux, souvent elle n'en aura que six, tandis que nous en compterons 25 ou 30 dans une ferme de même valeur de la plaine de Caen. Tout cultivateur de cette plaine est éleveur et marchand de chevaux; le cultivateur beauceron use habituellement les siens.

Nous ne chercherons pas à tirer des conséquences générales de ces différences d'habitudes; nous resterons dans les limites de la question spéciale qui nous occupe en nous bornant à constater les faits.

La culture intensive de la plaine de Caen exige beaucoup d'engrais, plus que la culture beauceronne, et cependant le parcage et le fumier de bergerie, ces puissantes ressources des pays où l'espèce ovine abonde, n'existent bientôt plus ici qu'à l'état de souvenir. Le fumier d'étable est moins abondant que dans la Beauce ; mais les écuries fournissent un contingent d'engrais beaucoup plus considérable.

La culture intensive de la plaine de Caen demande des labours plus nombreux, des façons plus multipliées, des ratissages, des buttages pour le Colza, par suite un plus grand nombre de chevaux pour ces opérations et pour les charrois des engrais et des récoltes.

Parmi ces travaux, il en est quelques-uns qui peuvent être exécutés par de jeunes chevaux dont l'emploi couvre ainsi tout ou partie des frais occasionnés par leur nourriture jusqu'à l'âge de la vente. L'élevage et l'entretien de ces jeunes chevaux exigent un personnel plus nombreux d'aides ruraux, que les travaux nécessités par la culture du Colza permettent d'ailleurs d'utiliser plus complétement.

Ainsi, au point de vue des existences animales de toute nature, la culture du Colza dans la plaine de Caen ne nous paraît pas avoir créé une situation meilleure, surtout en ce qui concerne la production des engrais ; et ce qui le prouve surabondamment, c'est l'énorme quantité de matières fertilisantes de toute nature achetée par les cultivateurs chaque année, sous peine de voir bien vite s'amoindrir le produit de leurs récoltes.

La plaine de Caen est située d'une manière fort heureuse pour se procurer le supplément d'engrais nécessaire à l'entretien de la fertilité de son sol ; la mer lui jette ses varechs ; des ports nombreux lui fournissent facilement les guanos du nouveau monde ; le chemin de fer lui amène une foule d'engrais plus ou moins estimés, plus ou moins estimables que l'industrie fabrique dans la capitale ou ailleurs. Enfin une cité riche et populeuse met à sa disposition, avec des frais de transports presque insignifiants, ses boues, les fumiers de ses nombreuses écuries particulières et de son dépôt de remonte, le plus important de l'empire, et enfin les déjections de ses habitants, préparées sous toutes les formes.

Avec de l'intelligence et des capitaux, lorsque les engrais commerciaux ne sont pas grevés de frais de transports considérables, l'agriculture, suivant la judicieuse remarque de M. Boussingault, est une sorte de jardinage, surtout lorsqu'elle a, comme ici, pour tous ses produits des débouchés nombreux, faciles et variés.

Le Colza lui-même fournit, par les tourteaux résidus de l'extraction de l'huile de ses graines, un large contingent d'un excellent engrais ; 100 quintaux de graines donnent environ 67 quintaux de tourteaux, et nous avons vu précédemment que l'arrondissement de Caen seul produit assez de graine de Colza pour qu'on en puisse retirer *environ 30 millions de kilogrammes de tourteaux*, qu'il serait bien imprudent de laisser exporter dans d'autres pays mieux inspirés [1].

On a souvent accusé la culture du Colza d'être une cause de diminution des pailles nécessaires à la confection des fumiers. Pour ce qui concerne le blé, nous avons déjà vu ce qu'il convient de penser de cette assertion ; mais admettons même qu'elle soit vraie, quand on ne tire aucun parti de la paille de Colza ou qu'on la brûle, il n'en sera plus de même lorsqu'on utilisera cette dernière pour la confection des fumiers, car en la réunissant aux autres pailles de la ferme, on obtiendra souvent une masse totale de paille supérieure à celle que l'on obtenait avant la culture du Colza.

D'ailleurs, si cette dernière paille est moins appétissante comme fourrage que celle des céréales, il résulte d'une expérience de vingt années faite à Grignon, sur des terres de natures très-diverses, dont quelques-unes très-mauvaises, que son emploi comme litière introduit dans le sol une plus grande quantité de principes fertilisants ; en d'autres termes, que les fumiers de paille de Colza ont, à poids égal, une valeur supérieure à ceux des pailles de céréales. C'est ce qu'on a reconnu également dans la plaine de Caen, depuis que la paille de Colza n'y est plus employée comme autrefois uniquement à usage de combustible.

Cette supériorité résulte également de l'analyse com-

---

[1] Il est vivement regrettable d'avoir à constater en 1858, dans le mouvement du port de Caen, la sortie de plus de 7 000 000 kilogrammes de tourteaux de graines oléagineuses qui vont porter ailleurs les éléments de fertilité empruntés en partie au département du Calvados, tandis que, suivant l'intéressant travail de M. *Guichard*, l'importation de ces mêmes produits ne dépasse guère la moitié du chiffre de l'exportation.

parative de cette paille et de celle des céréales ; on y a trouvé, par kilogramme de paille :

	Paille de colza.	Paille de blé.	Paille d'orge.	Paille de seigle.	Paille d'avoine.
Azote. . . .	$4_g,8$	$4_g,9$	$2^g,5$	$3^g,0$	$3^g,8$
Acide phospho-rique. . .	6 ,2	1 ,5	1 ,3	1 ,4	1 ,1
Silice . . .	1 ,5	34	21	24	18
Chaux. . .	12 ,5	4	4	3	3
Magnésie. .	2	2	2	1	1
Soude et pot^{sse}.	20	5	4	6	11

La paille de Colza, bien supérieure à toutes celles que nous venons de lui comparer, par sa richesse en soude, potasse, chaux, et surtout en acide phosphorique *ou en phosphates*, vient encore se placer à côté de la paille de blé par sa richesse en azote.

CHAPITRE V.

INFLUENCE DE LA SUPPRESSION DES JACHÈRES SUR LA QUANTITÉ ET SUR LA QUALITÉ DES PRODUITS. — RAPPORT DES PRODUITS AVEC LA FUMURE.

Les adversaires de la suppression des jachères ont souvent fait valoir une raison spécieuse contre l'introduction ou plutôt contre l'extension des cultures industrielles et sarclées qui précèdent habituellement les récoltes de blé.

[1] L'acide *phosphorique* constitue l'élément le plus important des *phosphates*. Le phosphate de chaux en contient 48 pour 100 de son poids, ou, en d'autres termes, à chaque kilogramme d'acide phosphorique correspond $2^k,1$ de phosphate de chaux.

On admet comme un fait assez constant que, pour 100 de fumier, les blés de jachères rendent ordinairement plus que les blés venus après récoltes sarclées industrielles; on a même fixé, pour le rapport de ces rendements, celui de 13 ou 14 à 10.

Considérée d'une manière générale, cette observation n'est pas tout à fait sans fondement, mais il faut bien prendre garde, dans des questions de cette nature, de donner aux conséquences une trop grande généralité, surtout en ce qui concerne le rapport du rendement à l'engrais employé.

La plupart des terres où la jachère est encore maintenue ne sont pas très-productives, et un raisonnement fort simple permet de reconnaître que l'on aura d'autant plus de kilogrammes de grain pour 100 kilogrammes d'engrais, que la culture sera plus pauvre et le rendement moyen par hectare plus faible. En effet,

Soit R le nombre de kilogrammes qui exprime le rendement que l'on obtiendrait sans engrais;

Soit E l'excédant du rendement obtenu avec un poids d'engrais que nous désignerons par P;

Le rapport du rendement total à l'engrais employé sera représenté par l'expression $\dfrac{R+E}{P}$

Il est aisé de reconnaître que le nombre exprimé par ce rapport sera d'autant plus grand, et que les AVANTAGES APPARENTS qui lui correspondent seront d'autant plus considérables, toutes choses égales d'ailleurs, que la proportion d'engrais sera plus faible.

Un exemple rendra notre pensée plus facile à saisir pour ceux qui n'ont pas une grande habitude des formules algébriques :

Supposons qu'un hectare de terre produit 500 kilogrammes de blé sans engrais, et qu'il en produise 1 500 kilogrammes de plus avec 30 000 kilogrammes de fumier ; le rapport du rendement total à l'engrais est celui de 2 à 30, c'est-à-dire que l'on eût obtenu $6^k,7$ de blé par l'emploi de 100 kilogrammes d'engrais.

Supposons que le même champ, sous l'influence de 1 000 kilogrammes du même engrais, n'eût produit qu'un excédant de récolte de 100 kilogrammes ; le rapport du rendement total à l'engrais employé eût été celui de 600 à 1 000, c'est-à-dire que l'on eût obtenu 60 kilogrammes de blé avec 100 kilogrammes d'engrais, près de *six fois* autant que dans le premier cas.

Inutile d'ajouter que, malgré ses grands avantages apparents, la seconde spéculation serait fort mauvaise, et la formule précédente nous offre un exemple de plus des dangers de la théorie trop spéculative, lorsqu'elle ne tient pas compte suffisamment des résultats pratiques, et qu'elle oublie de faire entrer en ligne de compte, dans ses calculs, tous les éléments de la question ; et parmi ceux qui ne figuraient pas dans la formule précédente se trouvent au premier rang les frais généraux de culture, de loyer, etc., etc.

Nous terminerons par un autre exemple propre à montrer le danger des formules incomplètes en pareille circonstance.

On a bien souvent dit : ce qu'il importe de considérer en agriculture, c'est le bénéfice, et l'on opère d'autant mieux que l'on retire un plus grand revenu de ses avances.

Désignons par B la valeur du produit brut d'un hectare ;

Désignons par D l'ensemble des frais de culture, d'engrais, de récolte, etc.

La valeur du produit net sera B—D, c'est-à-dire la différence entre la recette et la dépense.

Le bénéfice relatif, ou, si l'on aime mieux, l'intérêt qu'on aura retiré de 1 fr., en admettant que les nombres B et D sont exprimés en francs, sera exprimé par le rapport du produit net aux dépenses totales D, ou par la formule

$$\frac{B-D.}{D}$$

Or, la discussion mathématique de cette formule nous montre que le bénéfice relatif sera d'autant plus grand que D sera plus petit, ou que les dépenses seront moindres; mais alors l'expérience nous apprend que B—D ou le produit net deviendra lui même tellement faible, que l'avantage apparent se traduirait encore par une spéculation malheureuse.

Mais sortons bien vite de ces questions spéculatives dont l'exposé n'avait d'autre but que d'en signaler les dangers, et revenons à l'étude plus directe de la question qui nous occupe.

Pour être juste, nous devons ajouter aux observations faites en tête de ce chapitre, que les blés de jachères passent généralement pour être de plus belle qualité que les blés venus sur les mêmes terres, après une récolte sarclée.

CHAPITRE VI.

ÉPUISEMENT COMPARATIF DU SOL SOUS L'INFLUENCE DE LA CULTURE DU COLZA ET DE LA CULTURE DES CÉRÉALES.

Parmi les substances, assez nombreuses, qui figurent dans la composition chimique des récoltes, il en est qu'on y rencontre en grande abondance ; il en est d'autres, au contraire, qu'on n'y trouve qu'en très-petites quantités, bien qu'on les y trouve toujours.

Parmi ces substances, les unes sont susceptibles d'être détruites par la combustion en donnant des produits gazeux qui se dispersent dans l'atmosphère ; on leur donne le nom de *matières organiques* ; les autres restent comme résidus de cette combustion et constituent les cendres des récoltes ; on leur a donné le nom de *matières minérales*. Les récoltes se composent donc d'éléments organiques et d'éléments minéraux.

En admettant, pour les principales récoltes usuelles, les rendements en paille et en grain qui figurent dans le tableau ci-après, la répartition des principes minéraux et des principes organiques se ferait de la manière suivante, dans ces diverses récoltes :

NATURE des récoltes.		RENDEMENT brut à l'hectare.	MATIÈRE organique sèche.	MATIÈRES minérales.	TOTAL des principes minéraux.
Colza...	grain..	1600 kil.	1430 kil.	65 kil.	358 kil.
	paille..	4650	3771	293	
Blé.....	grain..	2250	1887	36	171,5
	paille..	3500	2455	135,5	
Orge....	grain..	1850	1508	28	154
	paille..	3600	2895	126	
Seigle...	grain..	3300	2774	74	272
	paille..	6800	5469	198	
Sarrasin...	grain..	1500	1334	26	65
	paille..	1500	1251	39	
Avoine...	grain..	1950	1488	55,5	189
	paille..	2930	2051	133,5	

Parmi les éléments constitutifs des matières organiques des récoltes, il en est un, l'AZOTE, auquel on attribue un rôle capital, soit que la matière organique doive servir à l'alimentation de l'homme ou des animaux, soit qu'elle doive servir comme engrais.

De même, parmi les éléments constitutifs des principes minéraux des récoltes, on attribue le rôle principal à l'*acide phosphorique* qui constitue les PHOSPHATES, quelle que soit d'ailleurs la destination des récoltes. Nous allons donc aussi rassembler les éléments de comparaison propres à établir le mérite et les exigences des mêmes récoltes, à ce double point de vue de leur richesse en azote et en acide phosphorique, en admettant, bien entendu, les mêmes rendements à l'hectare que précédemment.

NATURE des récoltes.		AZOTE par hectare dans la récolte.	AZOTE. Total.	ACIDE phosphorique par hect. dans la récolte.	ACIDE phosphorique. Total.
COLZA. . . .	grain. .	52^k	} 71^k,4	22^k,6	} 39$_k$,7 [1]
	paille. .	19 ,4		17 ,1	
BLÉ.	grain. .	45	} 62 ,5	17	} 21 ,3
	paille. .	17 ,5		4 ,3	
ORGE. . . .	grain. .	32	} 42 ,6	12 ,5	} 15
	paille. .	10 ,6		2 ,5	
SEIGLE. . .	grain. .	56	} 78	37	} 42 ,5
	paille. .	22		5 ,5	
SARRASIN. .	grain. .	31	} 40	8 ,1	} 11 ,6
	paille. .	9		3 ,5	
AVOINE. . .	grain. .	28 ,2	} 39	16 ,3	} 20 ,2
	paille. .	10 ,8		4	

Les rendements que nous avons admis ici n'ont rien
d'exagéré ; si ceux de la récolte de seigle sont un peu
élevés, c'est que, dans la majeure partie de la plaine
de Caen, le seigle rend beaucoup plus que dans les pays
à seigle proprement dits, et n'y est cultivé qu'exceptionnellement, et presque toujours pour être consommé
en vert au printemps.

L'inspection des deux tableaux qui précèdent nous
apprend qu'en prenant toutes ces récoltes dans leur
ensemble, paille et grain, celle de colza contient:

1° La plus forte proportion de matières organiques ;

2° La plus forte proportion de matières minérales ;

3° La plus forte proportion d'azote en combinaison ;

4° La plus forte proportion d'acide phosphorique ou
de phosphates.

Nous pourrions ajouter, en outre, que la récolte de

[1] Voir, comme pièce justificative, la note A. page 227.

colza est encore celle qui contient la plus forte proportion de potasse et de soude.

Il serait difficile de ne pas conclure de là *qu'une récolte de Colza est beaucoup plus épuisante* qu'une récolte de céréale, et en particulier qu'une récolte de blé.

Suivant quelques théoriciens illustres, la matière organique des récoltes pourrait être fournie par l'atmosphère; nous ne discuterons pas ici cette opinion; nous nous bornerons à rappeler l'influence incontestable des bonnes fumures riches en principes organiques, influence qui ne permet guère de les priver du rôle alimentaire qui leur est attribué depuis l'antiquité la plus reculée.

L'atmosphère, les eaux pluviales, les rosées, les brouillards apportent certainement au sol leur contingent de principes fertilisants; mais il est important de ne pas trop s'exagérer la valeur de ce contingent.

Des expériences qui me sont propres m'avaient montré, en 1851, que l'on peut évaluer à environ 147 kilogrammes par hectare et par an la proportion de substances minérales diverses apportées par les eaux pluviales dans la plaine de Caen; cet apport représenterait près des deux cinquièmes du poids des matières minérales enlevées à chaque hectare par une récolte de Colza, mais nous devons nous hâter d'ajouter que, jusqu'à ce jour, *les analyses d'eaux pluviales n'y ont pas encore signalé, en proportions utiles, la présence des phosphates ou de l'acide phosphorique.*

C'est donc, en définitive, le sol et les engrais qu'il reçoit, qui doivent subvenir pour la plus forte part à l'alimentation des récoltes, et celle de Colza, plus exigeante, doit donc, par cela même, appauvrir le sol plus rapidement, parce qu'elle lui enlève en plus fortes proportions les principes nécessaires à l'alimentation des récoltes qui doivent suivre.

CHAPITRE VII.

INCONVÉNIENTS DE LA RÉPÉTITION TROP FRÉQUENTE DES RÉCOLTES DE COLZA SUR UN MÊME SOL.

Il est généralement admis, comme un fait résultant de l'expérience acquise depuis longtemps, que le retour trop fréquent d'une même plante sur le sol rend ce dernier moins apte à produire de nouveau cette plante avec avantage.

La chimie moderne, par l'étude des cendres de nos récoltes usuelles, a reconnu que chaque plante tend à s'approprier certains éléments minéraux du sol en assez fortes proportions, tandis qu'elle ne lui enlève qu'une quantité beaucoup plus faible de certaines autres substances.

C'est ainsi que l'acide phosphorique constitue presque la moitié du poids des cendres du froment et plus de la moitié de celles de la graine de colza;

Que la silice forme plus des trois quarts du poids de celles de la paille de froment;

Que la potasse et la soude constituent près des deux tiers du poids des cendres de la pomme de terre;

Que la soude, la potasse et la chaux forment près des trois cinquièmes du poids des cendres de la paille de colza;

Que la potasse et la chaux forment plus de la moitié des cendres du trèfle, etc.

L'observation que nous venons de faire à l'égard des éléments minéraux du sol peut s'appliquer aussi, jusqu'à un certain point, aux principes d'origine organique.

On peut donc dire que chaque récolte tend à épuiser le sol d'une manière spéciale, et que, par conséquent, la fertilité de ce dernier peut se prolonger plus ou moins, toutes choses égales d'ailleurs, suivant l'ordre dans lequel on fait succéder les différentes cultures.

L'épuisement sera tantôt rapide, tantôt plus ou moins lent, suivant la nature chimique du sol et du soussol, suivant la nature des cultures, etc.

Lorsque l'épuisement est très-lent, l'agriculteur purement praticien est disposé à mépriser les principes de la théorie, parce qu'il arrive alors que son expérience limitée ne les a pas vérifiés. Il croit pouvoir négliger impunément les suggestions et les sages précautions que lui indiquent les principes d'une théorie qui a pris pour point de départ les faits pratiques les mieux établis.

L'histoire agricole de certaines régions nous fournit cependant des exemples remarquables de cet appauvrissement lent, mais assuré du sol.

Les provinces de Maryland, de Virginie, de la Caroline du Nord, autrefois riches et fertiles, fatiguées par un système de cultures forcées et épuisantes, sont devenues, sur beaucoup de points, improductives, et d'immenses étendues de terrain ont été abandonnées dans un état de stérilité désespérée, qui exigerait maintenant des frais considérables pour les remettre en bon état de culture.

Gardons-nous bien d'imiter, même de loin, sous ce rapport, les colons du Maryland, de la Virginie et de la

Caroline, en répétant trop souvent la culture du colza dans les mêmes champs.

Jusqu'à ces derniers temps, l'agriculteur n'avait pas encore demandé au sol avec tant d'exigence ces produits abondants et variés qui caractérisent l'agriculture intensive de notre époque; les fumiers pouvaient restituer à la terre la presque totalité des principes constitutifs des récoltes qu'on lui demandait.

Mais aujourd'hui, pour essayer de maintenir au même niveau cette abondante production du sol, pour essayer de réparer son épuisement quotidien, que les fumiers ordinaires ne peuvent plus réparer suffisamment, l'on a recours aux engrais commerciaux les plus énergiques et les plus dispendieux. La réparation est-elle suffisante? Nous craignons qu'il n'en soit pas toujours ainsi.

La plupart de ces engrais, proportionnellement plus riches en matières azotées qu'en phosphates et en principes organiques, peuvent bien surexciter la végétation, contribuer momentanément à une abondante production; mais il est à craindre que cette surexcitation ne conduise à l'appauvrissement du sol par suite d'une incomplète restitution.

Lorsqu'un cheval est sur le point de succomber à la fatigue, un coup de fouet donné à propos peut le ranimer un moment, mais c'est pour aller tomber plus loin sans retour. Gardons-nous bien de faire sur nos terres une aussi malheureuse épreuve.

Jusqu'à présent nous nous sommes borné à des considérations générales, et rien n'autorise à penser que nos craintes aient le moindre fondement, en ce qui concerne l'agriculture de la plaine de Caen. Nous allons maintenant parler le langage des chiffres, parce qu'il donne un corps aux idées, et fournit ainsi des éléments sérieux de discussion.

Prenons pour exemple une suite de récoltes qui représente un bail de neuf ans, et qui soit ainsi distribuée :

1re année, colza fumé.

2e — blé.

3e — colza fumé.

4e — blé.

5e — sainfoin.

6e année, sainfoin.

7e — sainfoin.

8e — froment.

9e — avoine.

Cette rotation de cultures peut être considérée comme une des moins épuisantes qui soient actuellement suivies dans la plaine de Caen, où le sainfoin ne reste que rarement trois ans en terre, et où le colza revient souvent trois fois en neuf ans, quelquefois plus encore.

Nous supposons que, pour obtenir ces récoltes, on a dû employer :

1° 85 000 kilogr. de fumier de ferme par hectare ;

2° 1 800 kilogr. de tourteaux de colza ;

3° Enfin 360 kilogr. de plâtre sur le sainfoin.

Voici ce que nous obtiendrons, en bonne moyenne, PAR HECTARE.

Années.	NATURE DES RÉCOLTES.		Récoltes Brutes	Matières organiques sèches	Matières minérales.	Azote.	ACIDE phosphorique.
			kil.	kil.	kil.	kil.	kil.
1re.	Colza fumé.	Graine.	1 600	1 430	105	52, 0	22, 6
		Paille.	4 650	3 771	293	19, 4	17, 1
2e.	Blé. . .	Grain.	2 250	1 887	36	45, 0	17, 0
		Paille.	3 500	2 455	136	17, 5	4, 3
3e.	Colza fumé.	Graine.	1 500	1 352	98	48, 8	21, 2
		Paille.	4 300	3 485	273	17, 7	16, 1
4e.	Blé. . .	Grain.	1 825	1 502	32	37, 8	15, 3
		Paille.	2 950	2 051	131	15, 3	4, 2
5e.	Sainfoin.	1re coupe.	5 860	4 158	237	92, 3	32, 1
		2e coupe.	1 125	867	56	17, 1	5, 3
		Graine.	468	382	20	18, 7	4, 8
		Regain.	1 000	772	48	29, 7	5, 2
6e.	Id.	1re coupe.	7 000	4 967	283	105, 0	38, 3
		2e coupe.	1 100	847	55	16, 6	5, 2
		Graine.	450	368	19	15, 6	4, 6
		Regain.	900	686	44	25, 5	4, 6
7e.	Id.	1re coupe.	5 200	3 732	203	84, 8	28, 8
		2e coupe.	900	675	44	13, 2	4, 1
		Graine.	375	306	16	12, 9	3, 8
8e.	Blé. . .	Grain.	2 500	2 079	51	50, 0	24, 2
		Paille.	4 250	2 936	187	20, 0	5, 9
9e.	Avoine .	Grain.	1 950	1 488	56	28, 2	16, 3
		Paille.	2 930	2 052	134	10, 8	4, 0
Total.	. . . .	. . . .		44 228	2 566	794, 1	304, 0
			kil.				
Engrais employé :		fumier. .	85 000	20 060	7 990	510	211
		tourteaux	1 800	1 185	118	89, 5	37, 8
		plâtre. .	360	»	324	»	»
		Total. .	87 160	21 245	8 432	599, 5	248, 8
Excédant de matière qui n'a pu être fourni par l'engrais.				22 983	5 866	194, 6	05, 2

Si nous faisons entre les neuf années une répartition
égale des produits et des engrais, nous trouvons qu'il
existe, en faveur de la production, un gain annuel de :

Matière organique. . . 2554 kilogr. par hectare.

Azote en combinaison. . 21,6 —

Acide phosphorique. . 6,2, équivalant à
13 kilogrammes de phosphate de chaux.

Il semble résulter de ces données que le sol doit s'enrichir de matières minérales, puisqu'on en porte plus qu'on n'en prélève ; mais la différence vient, en grande partie, de la manière dont se font et se chargent les fumiers, qui sont toujours mélangés de matières terreuses provenant des cours.

Il résulte donc, en définitive, des données fournies par le tableau précédent, que les récoltes prélèvent plus de matières organiques, plus d'azote et plus de phosphates que n'en restituent les engrais pendant le même temps. Admettons, pour simplifier la discussion, que l'excédant de matière organique puisse être *entièrement* fourni par l'atmosphère ; peut-il en être de même de l'excédant d'azote ?

Il semble permis de conclure des recherches de MM. Boussingault, Barral, Bineau et Pouriau, qu'un hectare de terre peut recevoir annuellement, à l'état de composés ammoniacaux ou de nitrates, par les eaux pluviales, par les rosées, brouillards, etc., de 20 à 25 kilogrammes d'azote combiné à la manière de celui que l'on trouve dans la plupart des engrais. A la rigueur, nous pourrions donc admettre que l'excédant d'azote trouvé dans nos récoltes peut être fourni par les météores atmosphériques.

Mais s'il est possible de rendre compte de l'excès d'azote et de matières organiques des récoltes sans être obligé nécessairement d'admettre qu'il en est résulté pour le sol un appauvrissement réel, il n'en est plus de même pour ce qui concerne l'acide phosphorique ou les phosphates. Quelle que soit la richesse naturelle du sol soumis à une pareille succession de cultures, il devra nécessairement arriver un moment où la propotion des phosphates disponibles y deviendra insuffisante pour assurer la bonne venue des récoltes. Pour que celles-ci pussent trouver dans les engrais toute la proportion de phosphates qui leur est nécessaire, il faudrait ajouter encore, à la fumure que nous avons adoptée précédemment, au moins 50 000 kilogrammes de fumier, ou environ 6 000 kilogrammes de tourteau.

Nous rappellerons ici que nous avons supposé deux récoltes de Colza seulement pendant la durée d'un bail de neuf ans, et que nous n'avons pas fait entrer en ligne de compte la récolte du plant de Colza.

Si, comme cela tendait malheureusement à se généraliser il y a peu d'années, la culture du Colza se multipliait et s'étendait davantage, si cette plante revenait plus souvent encore sur le même champ, l'épuisement des phosphates du sol suivrait une marche plus rapide encore.

La récolte du *plant* mérite également d'être prise en très-sérieuse considération, car c'est une des récoltes les plus *épuisantes*, et, pour fournir le plant de deux hectares, il faudrait une pépinière d'environ **2** cinquièmes d'hectare, c'est-à-dire environ la vingt-quatrième partie du domaine dans un assolement comme celui que nous avons pris pour exemple. Nous aurons bientôt la mesure de l'épuisement occasionné par le plant de Colza sur le sol qui l'a produit.

Heureusement que, depuis ces dernières années, la Providence a donné aux cultivateurs un avertissement salutaire capable de prévenir les trop grands abus de cette culture.

Le Colza, dans la plaine de Caen, ne donne plus d'aussi beaux produits qu'autrefois ; il devient plus exigeant ; sa culture devient un peu plus chanceuse.

Il serait prématuré, peut-être, de vouloir donner toutes les raisons principales de ce nouvel état de choses; cependant il en est deux qui méritent de fixer dès aujourd'hui l'attention des agronomes et des cultivateurs.

La première, c'est *l'épuisement progressif du sol, par suite de restitutions insuffisantes;*

La seconde, c'est que chaque plante a, parmi les insectes, ses ennemis particuliers, qui prospèrent d'autant mieux que la répétition des mêmes récoltes se fait à des intervalles de temps plus rapprochés, ou sur des champs plus voisins. L'alternance des cultures pourrait bien, en obligeant ces insectes à des déplacements considérables, compromettre leur existence et en faire diminuer considérablement le nombre. Nous avons un frappant exemple de ce fait dans la fréquente et rapide disparition des jeunes plants de betteraves, lorsqu'on les fait revenir dans un terrain qui en a porté l'année précédente.

Un autre inconvénient de la trop fréquente répétition de la culture du Colza comme plante sarclée, c'est que ses racines puisent leurs aliments dans la même couche du sol que les céréales, tandis qu'il serait beaucoup plus rationnel de faire succéder aux plantes qui, comme les céréales, puisent la majeure partie de leur nourriture dans la couche superficielle du sol, d'autres plantes munies de racines capables d'aller chercher leur nourriture à une plus grande profondeur, et de laisser ainsi reposer la couche supérieure qui s'enrichit alors par les engrais qu'on lui fournit directement, et par les principes fertilisants atmosphériques.

C'est à ce titre qu'il est permis de dire que le trèfle et surtout le sainfoin et la luzerne reposent et enrichissent le sol qui les produit ; ces plantes vont chercher, à une grande profondeur, les principes fertilisauts échappés aux suçoirs des racines de céréales, et ramènent ainsi, à la surface , par leurs débris, de nouveaux éléments de fertilité qui, autrement, eussent été sans influence sur les récoltes suivantes.

Tel est le secret de la fécondité du sol après les défrichements de trèfle, de sainfoin, de luzerne, et des bois qu'on rend à la culture.

CHAPITRE VIII.

INFLUENCE DE LA FORCE DU PLANT DE COLZA SUR LE SUCCÈS DES RÉCOLTES QUI EN PROVIENNENT ET SUR L'ÉPUISEMENT DU SOL QUI LES A PORTÉES.

Nous n'avons pas besoin de rappeler ici que plus les récoltes sont abondantes, toutes choses égales d'ailleurs, plus elles prélèvent sur le sol qui les produit, plus elles l'appauvrissent ; c'est un fait sur lequel il n'y a guère de contestation possible. Il est également certain que les pépinières qui ont produit des plants de toute nature sont très-épuisées, et que la bonne venue du plant nécessite de copieuses fumures.

Il devenait donc intéressant, à notre point de vue spécial, de faire une étude particulière de la composition du plant de colza ; c'est ce que j'ai fait en 1856 et en 1857, et les résultats sommaires de cette étude peuvent se résumer ainsi[1] :

Les pépinières de plant de Colza sont garnies habi-

[1] Voir la note B, dans les Pièces justificatives, page 228.

tuellement de manière à pouvoir fournir le plan nécessaire à une étendue superficielle environ cinq fois plus
grande ; et comme le nombre de pieds nécessaires pour
la plantation d'un hectare s'élève, en moyenne, à 40 000,
il en résulte que l'on peut évaluer approximativement
à 200 000 pieds la récolte d'une pépinière de Colza
d'un hectare. Ceci étant admis, l'on a examiné séparément divers échantillons de plant de 1856, l'un composé de pieds très-faibles, à peine plantables, le second
formé de pieds de grosseur moyenne, et le troisième lot
composé de plants extrèmement forts, récoltés tous à
la même époque.

	Plant très-faible.	Plant de force moyenne.	Plant très-fort.
Récolte de plant sur un hectare.	1 666^k	16 667^k	66 667^k
Azote correspondant.	5 ,6	45	235

Résultats constatés en 1857.

	Plant un peu faible.	Plant exceptionnellement fort
Récolte de plant sur un hectare.	11 773^k	195 720^k
Azote contenu dans la récolte.	34 ,7	558
Acide phosphorique contenu dans la récolte.	15 ,5	176 ,7
Phosphate de chaux correspondant.	32 ,6	371

Supposons maintenant que tous ces plants, après le

repiquage, réussissent bien, et qu'ils soient placés dans des conditions de culture assez avantageuses pour que chaque pied, au moment de la floraison, atteigne le poids de $1^k,5$, ce qui n'a rien d'exorbitant, puisque nous en avons trouvé qui, coupés au-dessus du collet, pesaient, en pleines fleurs, plus de deux kilogrammes,

Les 40 000 pieds contenus sur un hectare pèseraient alors 60 000 kilogrammes.

D'après l'analyse que j'en ai faite [1], cette récolte en fleurs contiendrait

210 kilogrammes d'azote,

et $67^k,2$ d'acide phosphorique,

représentant plus de 141 kilogrammes de phosphate de chaux.

Or, si nous prenons la moyenne des résultats des analyses de plant dont il a été précédemment question, nous trouvons que le plant contenait déjà

112 kilogrammes d'azote,

et $35^k,3$ d'acide phosphorique ;

c'est-à-dire que plus de la moitié de l'azote et de l'acide phosphorique de la récolte préexistait déjà dans le plant.

Si, au lieu de prospérer comme nous l'avons admis plus haut, et comme on en voit de fréquents exemples, le plant de Colza, après son repiquage, s'était trouvé dans un ensemble de conditions beaucoup moins avantageuses, et que le poids de chaque pied, au moment de la floraison, n'eût pas dépassé 200 grammes, ce qui se voit quelquefois, même en grand [2], en prenant pour

[1] Voir les Pièces justificatives, note C, page 230.
[2] Voir les Pièces justificatives, note D, page 231.

base les analyses que j'ai faites d'un lot de colza en fleurs, dont chaque pied ne pesait en moyenne que 200 grammes, on trouverait, dans la récolte d'un pareil colza coupé en pleine floraison, seulement

$$26^k,1 \text{ d'azote par hectare,}$$
$$\text{et } 10^k,6 \text{ d'acide phosphorique,}$$

c'est-à-dire moins que n'en contenait le plant lui-même.

Ce résultat peut surprendre à première vue, mais il est assez facile à expliquer.

Dans le plant de Colza, les feuilles sont très-développées et constituent la principale partie du poids de la plante. Pendant l'hiver, et à mesure que le Colza se développe au printemps, ces grandes feuilles tombent, et le sol reçoit avec elles une grande partie de l'azote et des phosphates de la plante primitive ; les proportions d'azote et de phosphates empruntés au sol par cette dernière pendant son développement ultérieur, peuvent ne pas établir une complète compensation.

Il résulte donc de là que, pour un rendement déterminé, lorsque l'on repique dans un champ du plant de Colza très-fort, le sol doit moins s'appauvrir en azote et en phosphates que par l'emploi de plant plus faible ; qu'il pourrait même s'enrichir, si la récolte devenait très-médiocre, du moins lorsque l'on considère cette dernière *au moment de la floraison.*

Nous venons de supposer que l'on fait usage de plant vigoureusement développé : supposons maintenant que l'on ait, au contraire, employé du plant très-faible, comme cela se voit quelquefois dans les années très-sèches, et admettons néanmoins que, par suite de circonstances favorables, chaque pied de Colza considéré au moment de la floraison, soit cependant parvenu au poids de $1^k,5$ en moyenne ; comme nous avons vu précédemment (page 492) que, dans du plant très-faible, la proportion d'azote contenue dans les 200 000 pieds que produit ordinairement une pépinière d'un hectare peut descendre à. . . . . $5^k,6$, et la proportion d'acide phosphorique à . 2 ,88, il en résulte que, dans de pareilles conditions, le champ aurait dû fournir à la récolte l'énorme proportion de

$204^k,6$ d'azote par hectare,
et de 64 ,32 d'acide phosphorique,
ou de 135 ,00 de phosphate de chaux,

c'est-à-dire à peu près tout ; et ces chiffres nous montrent que si une pareille récolte était coupée en vert au moment de la floraison, l'épuisement du sol serait énorme.

Considérons maintenant le Colza *au moment ordinaire de la coupe, lorsqu'il est parvenu à maturité.*

La récolte d'un hectare peut peser, exceptionnellement, encore fraîche et avant la dessiccation qui s'opère par le javelage, jusqu'à 75 660 kilogrammes, dans lesquels j'ai trouvé [1] :

344 kilogrammes d'azote,
et 149 kilogrammes d'acide phosphorique,

représentant 313 kilogrammes de phosphate de chaux.

Ces nombres sont bien supérieurs à ceux que nous avons donnés comme moyenne, dans le tableau de la page 202 ($71^k,4$ d'azote et $39^k,7$ d'acide phosphorique), et

---

[1] Voir les Pièces justificatives, note E, page 232.

cependant ils sont possibles ; néanmoins, au moment
du battage, ils se trouvent notablement diminués par
la chute des dernières feuilles qui persistaient encore
au moment de la coupe, et qui, presque toutes, se détachent et tombent pendant le javelage.

Au lieu de cette récolte considérable dont nous ve-
nous de citer le rendement, il peut arriver qu'une récolte de Colza soit très-médiocre, et nous en avons
trouvé, dans le cours de nos recherches, qui, au moment de la coupe, ne pesaient pas plus de 5 830 kilogrammes par hectare, contenant seulement 34^k,8 d'a-
zote et 15^k,6 d'acide phosphorique, bien qu'on eût employé du plant de belle venue [1]. Evidemment, dans de
pareilles conditions, le champ qui a produit une récolte
de Colza n'a pas dû s'en trouver épuisé d'une manière
sensible, puisque du plant un peu faible contient, à
une fraction de kilogramme près, les mêmes proportions d'azote et d'acide phosphorique.

Laissant donc pour un moment la question des pépinières, nous pouvons dire qu'au point de vue de la
conservation de la fertilité du sol il doit y avoir un
très-grand avantage à repiquer du plant très-vigou-
reux, et *qu'à égalité de produit il peut y avoir une différence très-grande dans l'épuisement de deux champs,
dont l'un aurait reçu du plant* TRÈS-FORT *et l'autre du
plant* TRÈS-FAIBLE.

Cependant, si le plant a été élevé sur le domaine,
l'avantage est plus apparent que réel, car ce qui n'est
pas fourni par un champ à la récolte qu'il produit, doit
l'avoir été par un autre champ au plant qu'il a fourni,
et en pareil cas c'est l'épuisement du champ-pépinière

[1] Voir les Pièces justificatives, note F, page 232.

13

qui doit appeler d'une manière toute spéciale l'attention du cultivateur.

En définitive, pour qui ne considère que l'ensemble, la mesure de l'épuisement du domaine entier sera toujours donnée par la différence entre le prélèvement fait par les récoltes et les restitutions faites en vue de compenser les effets de ce prélèvement.

Il importe encore de ne pas perdre de vue que, dans l'évaluation des récoltes de Colza, nous n'avons pas fait figurer les *pieds* ou trognons qui sont souvent arrachés plus tard pour servir de combustible. Nous verrons, dans le chapitre suivant, quelles peuvent être les conséquences de l'enlèvement ou de l'enfouissement de ces résidus sur le sol qui les a produits.

CHAPITRE IX.

DANS QUELLE MESURE POURRAIENT SE TROUVER MODIFIÉES LES CONCLUSIONS PRÉCÉDENTES, SI L'ON RESTITUAIT AU SOL TOUS LES RÉSIDUS DE LA RÉCOLTE DU COLZA?

Si tous les éléments constitutifs des récoltes étaient fournis par l'atmosphère, et que le sol qui les produit n'eût d'autre rôle à remplir que de leur servir de support, il n'y aurait pas lieu de se préoccuper des restitutions à faire à la terre sous forme d'engrais; mais l'expérience avait depuis longtemps reconnu, et la chimie a constaté dans ces derniers temps qu'il n'en est pas ainsi. La terre est bien réellement la mère nourrice de l'homme, des animaux et des plantes.

Il faut lui rendre autant qu'elle donne, ou ses puissantes mamelles finiront par se tarir; il faut donc importer en engrais sur une ferme l'équivalent de ce qu'on en exporte de principes actifs dans les produits.

Dans la culture des céréales on exporte, pour la vendre, la majeure partie du grain ; c'est le but de cette culture, lorsqu'on la fait en grand ; mais une importation d'engrais est alors inévitable, et celui qui voudrait s'affranchir de cette obligation finirait par s'apercevoir que son économie lui coûte fort cher.

Il est certaines récoltes privilégiées dont le produit exportable est de la nature de ceux dont les éléments peuvent être fournis par l'atmosphère, telles sont les matières sucrées ; aussi, théoriquement, rien ne paraît plus rationnel que l'établissement des distilleries agricoles annexées aux exploitations rurales. On livre au commerce, sous forme de sucre ou d'alcool, des principes que l'atmosphère peut restituer ; l'on réserve, au contraire, les matières azotées, les matières minérales, les phosphates, sous la forme de pulpes ou de vinasses. C'est là ce qu'on pourrait appeler une bonne comptabilité du sol ; c'est un grand progrès, mais on a fait mieux ; au lieu de restituer au sol directement, sous forme d'engrais, tous les résidus, au lieu de les jeter immédiatement sur le tas de fumier, le cultivateur, mieux inspiré, les donne comme aliment à son bétail. Alors, de deux choses l'une : ou le bétail restituera, sous forme d'urines et de déjections solides, l'équivalent de la presque totalité de sa nourriture, et son entretien ne vous aura coûté que les soins et le logement ; ou bien, et c'est là ce qui se passe effectivement toujours, l'animal aura donné un produit quelconque autre que son fumier (viande, lait, graisse, travail, laine), et dans ce cas, si vous ne retrouvez pas sur votre tas de fumier l'équivalent de tous vos résidus, ce qui vous manque aura été transformé en produits d'une bien plus grande valeur, et la différence permettrait d'acheter beaucoup plus de matières fertilisantes qu'il n'en a été consommé par l'assimilation et transformé en produits divers, en faisant servir ces résidus à l'alimentation du bétail.

Ce que nous venons de dire au sujet de la betterave peut s'appliquer au Colza. Dans une récolte complète de Colza, nous trouvons :

1° La graine ;	3° Les cosses ou siliques ;
2° La paille ;	4° Les pieds ou trognons.

Enfin la graine se décompose mécaniquement, sous la meule et sous la presse, en huile et en tourteau.

Or, les éléments constitutifs de l'huile de Colza sont précisément de ceux que la récolte peut emprunter à l'atmosphère, et qui, par conséquent, pourraient être considérés comme peu épuisants pour le sol qui a concouru à leur production.

La presque totalité des matières azotées, des matières minérales, des phosphates de la graine se retrouve dans le tourteau.

Restituez à la terre le tourteau, la paille, les siliques, les trognons, elle retrouvera dans ces résidus presque tous les principaux éléments de fertilité qu'elle possédait avant la récolte.

Seulement nous ferons remarquer ici que nous considérons un pareil emploi des résidus de colza comme une *prodigalité*, surtout en ce qui concerne les *siliques* et les *tourteaux*.

Les siliques ont une valeur nutritive bien supérieure à celle des pailles de céréales, elles sont au moins équivalentes, sous ce rapport, aux balles ou menues pailles de froment, et peuvent être avantageusement mêlées avec les pulpes ou avec les tranches de betteraves, au lieu d'être brûlées sur place comme elles le sont habituellement.

Mais, ce que nous devons surtout déplorer, c'est l'emploi direct du tourteau comme engrais, tandis qu'ailleurs, presque partout ailleurs, on le fait entrer dans la ration alimentaire du bétail. Il n'y a pas plus de raison d'employer directement le tourteau comme engrais que de faire pourrir les meilleurs fourrages pour les transformer en fumiers. Cet emploi préalable du tourteau à l'alimentation du bétail présente un double avantage :

1° Ce qu'on ne retrouve pas dans le fumier des animaux qui l'ont consommé, a été converti en produits d'une bien plus grande valeur, travail, viande, graisse, laine, lait, etc.;

2° Les tourteaux les mieux épuisés contiennent encore 8 ou 10 pour 100 de leur poids d'huile, dont la valeur comme engrais est nulle ou nuisible. Lorsque le tourteau sert à l'alimentation du bétail, une partie de cette huile est assimilée pour concourir à la production de la graisse que l'on recherche dans les animaux de boucherie.

Nous avons évalué, précédemment, à plus de 14 millions de kilogrammes les tourteaux produits par le colza récolté dans l'arrondissement de Caen; en admettant dans ces tourteaux 10 pour 100 d'huile, on aurait un chiffre de 1 million 400 000 kilogrammes de matières susceptibles de contribuer à l'engraissement d'un bien grand nombre d'animaux, et qui se trouvent aujourd'hui complétement et inutilement sacrifiées.

L'introduction de cette utile pratique rappellerait ou pourrait rappeler dans le pays une partie de la population animale qui en a été expulsée par la suppression de la vaine pâture (suppression de fait, si elle existe encore de droit dans notre législation rurale).

Nous ne reviendrons pas sur l'emploi comme litière de la paille du colza, nous avons déjà insisté (pages 195 et 196) sur cet emploi, et nos cultivateurs ont déjà compris pour la plupart qu'il n'y a pas plus de raison de brûler la paille de colza que celle des céréales.

Nous terminerons ce chapitre par quelques considérations sur les siliques et sur les pieds ou racines.

Les siliques sont habituellement brûlées sur place, immédiatement après le battage.

Les pieds sont souvent arrachés pour servir de combustible à la classe pauvre, qui en fait quelquefois des provisions considérables.

D'après le docteur Julius Lehmann, à 1000 kilogrammes de graine correspondent, en moyenne, 800 kilogrammes de siliques. Une récolte de 1600 kilogrammes de graine donnerait donc, à ce compte, 1280 kilogrammes de siliques par hectare ; comme j'ai trouvé, dans les siliques, 6^g,1 d'azote par kilogramme, et 4^g,6 d'acide phosphorique, les siliques d'une récolte représentent donc 7^k,9 d'azote et 5^k,9 d'acide phosphorique, c'est-à-dire que la combustion de ces siliques est une opération agricole comparable à celle qui consisterait à brûler plus de 1300 kilogrammes de fumier.

Nous nous associons à la pensée du docteur Lehmann qui considère comme une prodigalité, non-seulement la combustion sur place des siliques, mais encore leur emploi comme litière, lorsqu'on peut faire autrement.

Les gros *pieds* de colza, au moment de la coupe, encore frais et dépouillés complétement de la terre qui entoure les racines, pèsent jusqu'à 300 ou 325 grammes, et même quelquefois davantage. J'ai reconnu que, dans une très-belle récolte, ces résidus peuvent peser, moyennement, à peu près 250 grammes. Une récolte de 40 000 pieds par hectare représenterait donc 10 000 kilogrammes de ces résidus qui, par une dessiccation complète à l'étuve, se réduisent à 2180 kilogrammes de matière privée d'humidité.

J'y ai trouvé par l'analyse [1] :

  Azote combiné. . . 14^k,74 par hectare,
  Acide phosphorique. 14 ,2 ,

c'est-à-dire plus des deux tiers de ce qu'on trouve d'azote dans une récolte de paille de colza, et plus de la moitié de ce qu'on y trouve d'acide phosphorique. En admettant donc que les siliques et les pieds ne soient pas laissés sur le sol, le prélèvement exercé sur ce dernier, par une récolte de Colza comme celle dont nous avons présenté le rendement dans le tableau de la page 201, devrait être augmenté,

    pour l'azote, de 22^k,64 par hectare,
et pour l'acide phosphorique, de 20 ,1,

ce qui porterait à 94 kilogrammes au moins le prélèvement d'azote de la récolte, et *à près de 60 'ilogrammes le prélèvement d'acide phosphorique*, tandis qu'une récolte de blé ne prélève que 21 *kilogrammes 1/4 de la même substance par hectare, un peu plus du tiers.*

Lorsque la nourriture de l'homme ou celle des animaux ne contient pas tous les principes nécessaires au

[1] Voir les Pièces justificatives, note G, page 233.

travail de mutation et de renouvellement qui se produit constamment dans tous les organes, lorsque, par exemple, les phosphates y font défaut, il en résulte habituellement, dans la santé, des troubles graves. Il en est de même pour les plantes, lorsque le sol ne peut plus leur fournir en proportions suffisantes les phosphates nécessaires à leur constitution normale.

Peut-être faudrait-il voir un fait de ce genre dans certaine maladie des tiges du Colza qui rappellent, jusqu'à un un certain point, les nécroses du système osseux des animaux Mais cette opinion, pour être admise, aurait besoin d'être confirmée par un grand nombre d'analyses comparatives qui n'ont pas encore été faites, et qui demanderaient plusieurs années d'études suivies.

La seule chose qu'il nous soit permis de signaler aujourd'hui, c'est que, depuis l'extension donnée à la culture du Colza, les restitutions de principes fertilisants faites au sol ne paraissent pas contenir en suffisante quantité les phosphates nécessaires au développement des récoltes, puisque, sous ce rapport, ces restitutions sont notablement inférieures aux prélèvements exercés par les récoltes.

Un pareil état de choses, s'il se continuait, s'il s'aggravait encore par l'extension et la plus grande fréquence de cultures épuisantes, pourrait avoir dans l'avenir les conséquences les plus désastreuses.

La culture des plantes épuisantes, dont le Colza nous offre aujourd'hui l'un des exemples les plus remarquables dans plusieurs départements, mérite donc d'appeler sérieusement l'attention publique.

Trois intérêts sont constamment en présence, dans les questions agricoles de cette nature :

L'intérêt du fermier, qui cherche à retirer du sol

dont il a temporairement la jouissance, la plus grande
somme de produits, le bénéfice le plus grand possible
avec le moins de dépenses possible ;

L'intérêt du propriétaire du fonds ; ce propriétaire
doit, en bonne justice, rentrer intégralement, à la fin
du bail, dans son capital prêté ou loué ; cela n'aurait
pas lieu si, par des cultures forcées, le fermier préle-
vait par ses récoltes, sans les remplacer, une proportion
trop grande des principes utiles que la terre seule peut
fournir ;

Enfin, au point de vue de la société en général, il
importerait de ménager les ressources de l'avenir, qui
pourraient être compromises par l'avidité des uns et par
l'incurie des autres.

En résumé,

Nous pensons avoir établi dans ce travail :

1° Que l'extension de la culture du Colza ne paraît
pas avoir réagi d'une manière bien authentique sur le
prix des céréales ; du moins il ne paraît y avoir aucun
rapport facile à saisir entre ces deux ordres de faits ;

2° Que la culture du Colza paraît avoir été, dans le
département du Calvados, et surtout dans l'arrondissement de Caen, l'origine d'un mouvement commercial
et industriel considérable, et la source d'améliorations
matérielles notables dans la situation des travailleurs
ruraux ;

3° Que cette culture a contribué également d'une manière efficace aux progrès de l'agriculture du pays, en
faisant comprendre aux cultivateurs les avantages des
fortes fumures et de la variété des produits;

4° Qu'elle a exercé une influence très-marquée sur

13.

la population animale de l'arrondissement, et surtout sur l'espèce ovine, dont elle a considérablement restreint l'élevage, par suite de la suppression *effective* de la vaine pâture ;

5° Que la culture du Colza ne peut être réellement avantageuse pour le cultivateur, qu'à la condition d'y consacrer une quantité d'engrais suffisante ; et quiconque ne voudra pas faire, sous ce rapport, les avances nécessaires, fera mieux de renoncer à la culture de cette plante industrielle ;

6° Que la culture du Colza est beaucoup plus épuisante que celle des céréales, et que sa répétition trop fréquente et trop longtemps prolongée sur le même sol pourrait conduire à des conséquences très-graves, au point de vue de la fécondité du sol ;

7° Que, dans l'état actuel des choses, c'est surtout par la diminution des phosphates que l'épuisement du sol a lieu dans l'arrondissement de Caen, et que cet épuisement est, toutes choses égales d'ailleurs, d'autant plus rapide que les récoltes sont plus abondantes ;

8° Que cet épuisement serait beaucoup moindre et beaucoup moins rapide si, à l'exception de l'huile, *tous les autres produits de la récolte*, PAILLE, SILIQUES, PIEDS, TOURTEAUX, étaient restitués, sous forme convenable, au sol qui les a fournis.

NOTES JUSTIFICATIVES.

NOTE A.

Composition des cendres du Colza.

L'analyse des cendres du Colza, en admettant le rendement indiqué page 201, a fourni les résultats suivants, rapportés à un hectare :

	Graine.	Paille battue.
Soude et potasse. . . .	9^k,3	60^k,3
Chaux..	4 ,6	36 ,8
Magnésie..	4 ,2	6 ,0
Oxyde de fer, alumine, etc.	0 ,2	4 ,2
Acide phosphorique. . .	22 ,4	17 ,1
Acide sulfurique. . . .	0 ,3	19 ,4
Silice..	0 ,4	2 ,7
Chlore.	traces.	28 ,8

Il est peut-être utile de remarquer ici que, malgré la rigidité de sa tige, la paille de Colza contient environ 75 à 80 fois moins de silice, à poids égal, que la paille de blé ; ce résultat montre qu'on s'est trompé en attribuant, comme l'ont fait quelques personnes, la verse des blés à une force proportion de silice prélevée sur le sol par les colzas qui les avaient précédés.

Note B.

Analyse du plant de Colza.

L'analyse de trois échantillons de plant de Colza pris dans un même champ, le 20 octobre 1856, m'a donné les résultats suivants :

	Plant le plus faible.	Plant de force moyenne.	Plant très-fort.
Poids moyen de 10 pieds de Colza.	163^g,33	1^k,667	6^k,667
Matière sèche par kilogramme. . .	120^g,2	96^g,7	81^g,5
Eau.	879 ,8	903 ,3	918 ,5
Azote par kilog. de matière sèche. .	27 ,6	27 ,9	42 ,3
Par kil. de matière verte. . . .	3 ,3	2 ,7	3 ,45

Ces nombres nous montrent que, plus le plant est fort, plus ses organes foliacés sont développés, plus il est aqueux, sans perdre cependant de sa richesse en principes azotés, qui résident principalement dans ses feuilles.

Autres échantillons de provenance différente.

	Plant extrêmement faible	Plant très-fort.
Matière sèche par kilog. . . .	105$^{gr.}$	74$^{gr.}$
Eau.	895	926
Azote par kilogramme de matière sèche.	28 ,1	38 ,4
Par kilog. de matière verte. .	2 ,95	2 .48
Cendres par kilogramme. .	122 ,98	143 ,46

Les cendres contenaient, par kilogramme de matière sèche incinérée :

Silice.	8$_g$,80	17$_g$,66
Acide phosphorique. .	12 ,52	12 ,22
Chaux.	30 ,70	28 ,84
Peroxyde de fer. . . .	0 ,30	1 ,00
Magnésie.	1 ,54	1 ,30
Potasse.	20 ,04	17 ,40
Soude.	26 ,44	9 ,16

L'analyse de plants de forces très-diverses, arrachés le 10 novembre 1857, a constaté dans ces plants les résultats suivants :

	Plant le plus faible.	Plant très-fort.
Poids moyen de 10 pieds. .	494^g	4340^g
Matière sèche par kilog. .	128	100
Eau.	872	900
Azote par kilog. de matière sèche.	27 ,9	36 ,9
De matière verte.	3 ,1	3 ,7
Cendre par kilog. de matière sèche.	92 ,6	113 ,5

Parmi les éléments minéraux d'un kilogramme de matière sèche, on a trouvé :

Silice.	3^g,4	3^g,82
Acide phosphorique. .	8 ,1	8 ,28
Oxyde de fer. . . .	0 ,4	0 ,86
Chaux.	32 ,6	38 ,60
Magnésie.	1 ,6	1 ,88
Potasse.	14 ,8	17 ,88
Soude.	7 ,5	5 ,98

Si la proportion de soude est moins élevée dans ces cendres que dans les précédentes, il est permis de présumer que cela tient à ce que le terrain producteur, beaucoup plus éloigné de la mer, était moins riche en sel marin apporté par les eaux pluviales.

NOTE C.

Analyse du Colza en fleurs (11 mai 1857).

On a choisi dans un même champ les plus beaux pieds et les plus faibles qu'on a pu trouver.

	Les plus faibles.
Poids moyen de 10 pieds, coupés comme à la récolte, près du collet. .	1550^g
Matière sèche par kilogramme. .	141
Eau.	859
Azote par kilogramme de matière sèche.	23 ,1
Par kil. de matière verte. . . .	3 ,26
Cendres par kilogramme de matière sèche.	107 ,16

On a trouvé dans ces cendres :

Silice.	20^g ,84
Acide phosphorique. . .	9 ,80
Chaux.	31 ,90
Oxyde de fer.	0 ,68
Magnésie.	0 ,21
Potasse.	14 ,58
Soude.	12 ,70

Note D.

Analyse du Colza en fleurs (11 mai 1857).

	Les plus forts.
Poids moyen de 10 pieds, coupés comme à la récolte, près du collet. .	20 062$^{gr.}$
Matière sèche par kilogramme. .	106
Eau.	994
Azote par kilogramme de matière sèche.	35 ,6
Par kilogramme de matière verte. .	3 ,78
Cendres par kilogramme de matière sèche.	139 ,29

On a trouvé dans ces cendres :

Silice.	6^{g} ,36
Acide phosphorique. . .	11 ,54
Chaux.	30 ,31
Magnésie.	0 ,22
Oxyde de fer.	0 ,74
Potasse.	10 ,75
Soude.	15 ,39

Note E.

Analyse du Colza complétement développé, pris dans le même champ que le précédent, au moment de la coupe, le 1ᵉʳ juillet 1857 (très-beau, coupé au-dessus du collet).

Poids moyen de 10 pieds, encore frais.   18 915 ᵍʳ.
Matière sèche par kilogramme. . .   243   ,2
Eau.   756   ,8
Azote par kilogramme de matière sèche.   18   ,7
　　　　　　— de matière fraîche.   4 ,55
Cendres par kilogramme de matière sèche.   81   ,3

On a trouvé, parmi les substances minérales contenues dans 1 kilogramme de matière sèche :

Silice. 2ᵍ,12
Acide phosphorique. . .   8 ,13
Chaux. . . . .   21 ,28
Magnésie. . . . . . .   1 ,31
Oxyde de fer. . . . . .   0 ,11
Potasse. . . . .   10 ,15
Soude. . . . .   12 ,12

Note F.

Analyse du Colza mûr, pris au moment de la coupe (1ᵉʳ juillet 1857); plantes très-faibles venues sur le même champ que le précédent.

Poids moyen de 10 plantes, encore fraîches. . . . .   1 458 ᵍʳ.

Matière sèche par kilogramme. . .   330^s
Eau.   670
Azote par kilogramme de matière sèche.   18   ,1
—   —   de matière fraîche.   5 ,97
Cendres par kilogramme de matière sèche. .   83   ,1

*Parmi les matières minérales contenues dans un kilo-
gramme de matière sèche on a trouvé :*

Silice. . . . .   5^s.34
Acide phosphorique. . . .   8 ,10
Chaux. . . . .   25 ,80
Magnésie. . . . .   2 ,03
Oxyde de fer. . . . . . .   0 ,13
Potasse. . . . .   6 ,53
Soude. . . . .   11 ,82

Note G.

Analyse des PIEDS *ou trognons de Colza qui restent en
terre après la récolte ; pieds provenant de Colza très-
bien venu, coupé le 1er juillet* 1857.

Poids de 10 pieds (moyenne). . . . .   2 575^s
Matière sèche par kilogramme   . .   237
Eau.   763
Azote par kilogramme de matière sèche.   6 ,76
—   —   de matière fraîche.   1 ,47
Cendres par kilogramme de matière sèche.   75 ,24

Matières minérales contenues dans 1 kilogramme de matière sèche.

Silice.	17^g,72
Acide phosphorique. . .	6 ,52
Chaux.	8 ,16
Magnésie.	0 ,30
Oxyde de fer.	5 ,15
Potasse.	9 ,92
Soude.	13 ,08

Je ne saurais terminer cette publication sans adresser des remercîments bien sincères à MM. Jules *Bastard*, *Croisy*, *Basly* et *Manoury*, ainsi qu'à Mme veuve *Masson*, pour le généreux empressement avec lequel ils ont mis à ma disposition une grande partie des nombreux matériaux qui devaient servir de base à mes recherches, pendant lesquelles MM. *Lucet*, *Blin* et *Puchot* m'ont constamment prêté un actif et utile concours.

TABLE DES MATIÈRES.

fertilisants fourni par l'atmosphère.—Rendement des récoltes de blé venues sans engrais. 27

DEUXIÈME DIVISION.

Cultures fourragères.

Cultures fourragères de la première classe.

Cultures fourragères de la deuxième classe.

Premier groupe.—*Plantes fourragères améliorantes.*

Deuxième groupe.—*Plantes fourragères épuisantes.*

TROISIÈME DIVISION.

CAEN.—IMP. F. POISSON.